JN103831

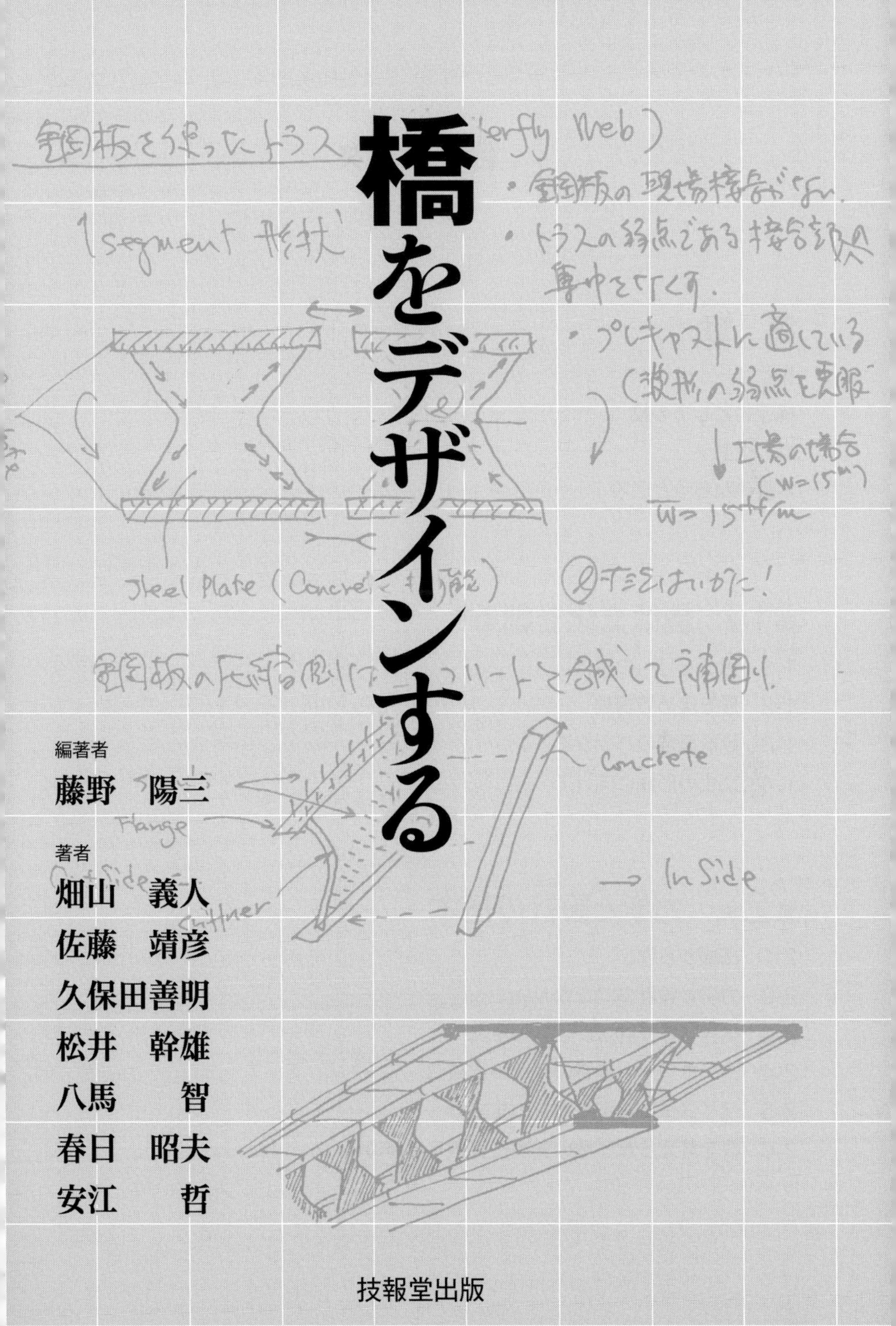

橋をデザインする

編著者
藤野　陽三

著者
畑山　義人
佐藤　靖彦
久保田善明
松井　幹雄
八馬　　智
春日　昭夫
安江　　哲

技報堂出版

目　　次

序　章

藤野 陽三

日本橋（画：藤野陽三）

橋とは

ローマにはテヴェレ川，ロンドンにはテームズ河，パリにはセーヌ河，ニューヨークにはハドソン河，東京には隅田川（**写真 -1**），大阪には淀川（**写真 -2**）というように，古くからの大都市には必ずといってよいほど大きな川が流れている。水はわれわれの生活に欠かせないものであり，かつては物資輸送の主役であったのが水運であったことを考えると，大きな川があったからこそ大都市が形成されたという面も大きいのだと思う。

しかし，川があると都市が分断される。船で渡ることは可能だが，時間もかかり，とても厄介だ。川に橋（bridge）が架かっていれば，その上を歩いて，あるいは馬車，列車，自動車，自転車に乗ったままで向こうに渡れるから，橋というのはとてもありがたい存在なのである。深い谷の上に架かる橋の価値も計り知れないものがある（**写真 -3**）。

このように，橋というのは必要から生まれた，正しく実用品なのである。だからごく自然に，安全に渡れ，永く使えるようにという思いでつくることになる。

写真 -1　空から見た隅田川の橋梁群。手前から勝関橋，佃大橋，中央大橋，永代橋……7㎞あまり上流の千住大橋まで計 18 もの橋が架かる（撮影 2005 年）

写真-2 大阪市内を流れる大川（旧淀川），手前から桜宮橋，川崎橋，天満橋

写真-3 谷を跨ぎ地域を結ぶ青雲橋。国際コンクリート連合の最優秀賞を受賞（徳島県三好市）

橋は，世の中にあるいろいろな構造物，例えば事務所，住宅，学校，図書館，駅舎，寺院などのひとつだが，そのほとんどは国や地方自治体が建設し，管理しており，公共性がきわめて高いのが特徴のひとつである。宇沢弘文先生が1970年代から提唱してきた「社会的共通資本」では，自然環境，社会的インフラストラクチャー，制度資本の3つが社会的共通資本として定義されているが，橋は社会的インフラストラクチャーの代表格である。正しく誰もが渡れる，みんなの財産，すなわち社会のコモンズ（commons）なのが橋なのである[1)]。

構造物としての橋

空間を跨いで，人や車などが安全に渡れるようにするのが橋の機能である。身の回りにある材料で，1，2 m の空間を跨ぐとすると，木か石で**図-1 (a)** のような構造を誰でも考えるかと思う。これが橋の原形で「梁（はり；beam）」と呼ばれる構造だ（**写真-4**）。スパン 5 m ぐらいになると，ひとつの塊の石では用意できないだろうから木を使用することになるが，かなり太いものが必要になる（**図-1 (b)**）。10 m となると木でもほぼお手上げである。その際，真ん中に支柱を立てられれば丸太の負担が減るのは誰でもわかるだろう（**図-1 (c)**）。真ん中に支柱を立てられないとき，あるいは，船が通るなどの理由で橋の下の空間を空ける必要があるときは，両側から方杖を出し，実質上のスパンを短くすることができる（**図-1 (d)**）。事実，この方杖橋と呼ばれる構造形式は古くから各地の山間部の木橋でよく使われていた（**写真-5**）。

この方杖のような部材を曲線状につなげたのがアーチ（arch）という構造で，アーチ部材には圧縮力が作用する。これなら石や煉瓦のブロックを組み立てて，長いスパンを渡すことが可能となる。石アーチなら耐久性にも優れていることから，非常に古いものが今でもたくさん残っている。橋としてこれはひとつの理想形といえる（**写真-6，7**）。

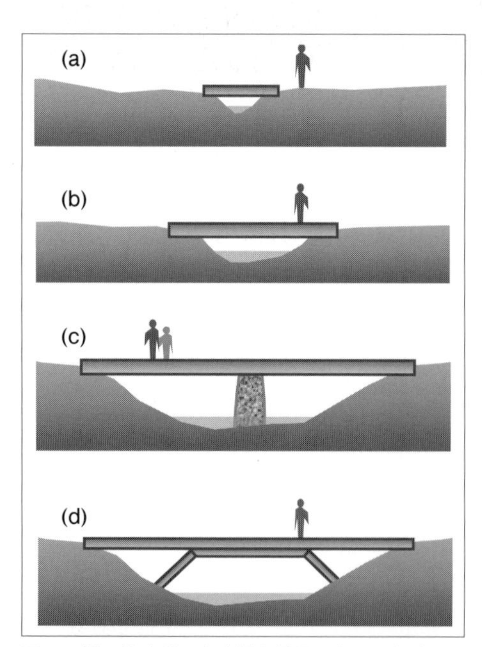

図-1　橋の始まり。丸太橋も橋長に応じて太くしたり橋脚を増やす必要が生じる。ついには単純な桁以外の構造に発展していく

写真-4　原始的な橋

写真-5　田丸橋。屋根付きの方杖橋で，橋の上は荷物を置いたり食事や休憩時に寛ぐ場になっている（愛媛県内子町）

写真-6　通潤橋。江戸末期の1854年に架けられた石造りの水路橋（重要文化財，熊本県山都町）

写真-8　1673年に架けられ，以来20～50年ごとに補修･更新されている錦帯橋（山口県岩国市）

写真-7　南禅寺水路閣。南禅寺境内を横断する琵琶湖疏水の煉瓦造りの水路橋である（京都市）

なお，錦帯橋は世界的にも珍しい木造アーチ橋で，径間35.1 mは木造として世界最長である（**写真-8**）。

もうひとつ，橋梁において重要な構造にトラス（truss）がある。三角形を基本単位とする骨組構造のことで，棒材をヒンジでつなぐため，各部材には軸方向力（圧縮力または引張力）だけが作用し，曲げようとする力（曲げモーメント）が発生せず，効率的である。膝の関節のようなヒンジは自然界にも存在するが，3角形にすることで安定化するというのは人間が頭で考えた構造原理である。木製トラスが現れたのは14世紀ごろといわれており，18世紀の産業革命において鉄が生産されるようになり，19世紀の鉄道建設の時代の中で大きく発展した構造である（**写真-9**）。強度が高く，細く薄くできる鉄・鋼はトラスを構築する材料に向いており，桁やアーチ構造と複合的に使われることも多い（**写真-10**）。

写真-9　支笏湖の湖畔橋，1899年ポーナル設計の鉄道用60ft トラスを移築（北海道千歳市）

写真-10　1931年増田淳設計，ブレースドリブ2ヒンジアーチの千寿橋（常願寺川水路橋，立山市）

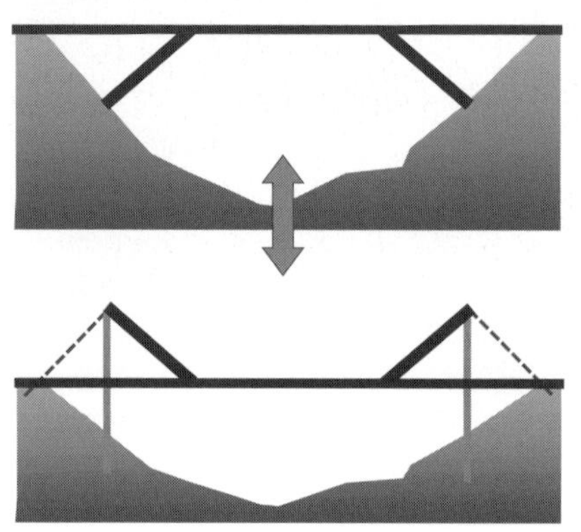

図-2　方杖橋と斜張橋

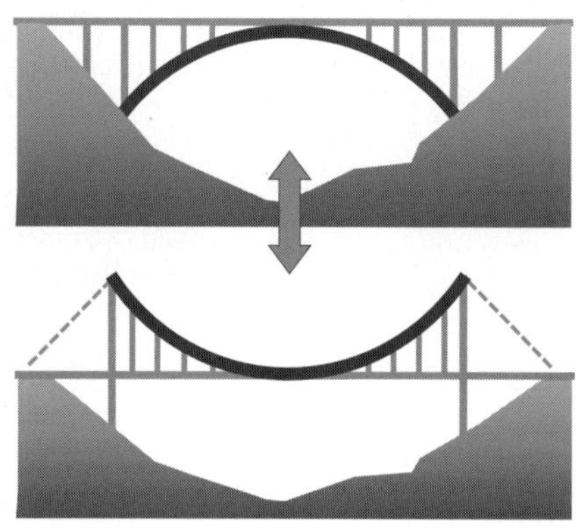

図-3　アーチ橋と吊橋

図-4　横浜のランドマーク　横浜ベイブリッジ（横浜市）（画：藤野陽三）

写真-11　淡路島と明石市を結ぶ世界最長(センタースパン1 991 m)の明石海峡大橋

ところで，桁を斜材（圧縮材）で支える方杖構造と，桁をアーチ部材（圧縮材）で支えるアーチ構造の上下を逆にすれば，斜材も曲線状の部材も引張材になり，

写真 -12　1927 年，八幡製鉄が貯水池に建設したサスペンアーチ構造の南河内橋（北九州市）

斜張橋と吊橋の基本系になる（**図 -2**，**図 -3**）。圧縮部材を引張りに変えることで座屈という不安定現象の可能性が取り除かれ，構造物全体が軽量化され，さらなる長スパンが達成できたのである（**図 -4**，**写真 -11**）。

さて，ここまで桁構造からスタートして，方杖，アーチ，トラス，そして斜張橋と吊橋への展開を駆け足で見てきた。これらに加えてサスペンアーチ橋（**写真-12**），エクストラドーズド橋，吊床版橋などさまざまな派生形式が存在するが，いずれにせよ，長スパンの梁をいかに支えるかが橋梁構造の鍵なのだ。実用品である橋の基本形態はそのスケールに応じた力学的，もう少し広くいえば「構造的合理性」から決まるのである。

橋の役割

橋は人や車を通すのが役目だが，その場所に何十年，場合によっては 100 年を越えて存在する。例えば，ローマ時代の橋はつくられてから 2000 年が経過している。そうなると，大きな橋や，小さくても多くの方から見えるところにある橋は単なる構造物ではなく，町や地域を特徴づける造形物になる。そのような場合，構造的合理性を踏まえつつも，それに美しさや文化性などの特徴を持たせようと考えるのが自然だ。われわれの記憶の中に刻み込まれ，待ち合わせの場所に指定され，空間のひとつの基点になるのが橋なのである。そこにデザインが生まれるのだ。

東京の隅田川を考えてみていただきたい。川幅も道幅もほとんど変わらないのに，架かっている橋はそれぞれが違った構造形式である。なぜだろうか。橋には個々に名前があるように，それぞれの橋に特徴を持たせることで場所場所のランドマークになり，橋としての価値が増すという考えなのだと思う。ひとつひとつを丁寧にデザインしたのだ。ロンドンのテームズ河やパリのセーヌ河を見ても，実にいろいろな形式の，特徴のある橋が架かっていることに驚かれるだろう。

橋は絵の題材に選ばれ，切手にも採用されている。ヨーロッパのユーロ紙幣の裏にはすべて橋の絵が使われている。小説の題や歌詞にも多く使われている。橋は単なる文明の装置ではなく，文化を創る装置なのだと思う。

橋を建設するための費用は長いものになると大きな額になる。社会のコモンズとしての橋は，人々からの公的なお金を投入してつくるので，無駄は許されない。しかし，大勢の人が渡り，町のランドマークになり，多くの人に喜ばれ，親しまれ，それも100年を超えて使われる橋は，その建設費を最小にすることが最適解ではないことは明らかである。

本書のねらうところ

橋は，快適に渡れ，そして安全で長持ちすることが要求される。加えて，周辺環境に調和するだけでなく，往々にして，利用する人々に親しまれる存在になる，あるいは地域の文化，歴史，さらには未来を象徴するなど，定量化が難しい要素も数多く含まれる（**写真-13**）。コモンズとしてのコストの制約の中で，そして構造体を隠さない裸構造である橋としての構造合理性を示す中で，さまざまな要素に配慮し，材料，基本形態，ディテール，色などを考えていくプロセスはとても創造的なものだとおわかりいただけるだろう。それをコンセプチュアルデザイン（conceptual design）という。コンセプチュアルデザインとは，さまざまなこ

写真 -13 針尾瀬戸を跨ぐ西海橋と新西海橋（奥）。2006 年に開通した新西海橋は，初代西海橋（1955）が築いてきた風景と地域イメージに敬意を払いながら構造計画がなされた（佐世保市～西海市）

とを考える中で，自分の「思い」を入れ込んで形にしていくことだが，その楽しさを広く伝えたく，この本を企画した。

社会に必要な橋は昔からつくられてきた。日本の経済活動が急速に拡大した 1960 年代から，橋の建設も盛んになり，1998 年には世界最長の橋が完成するなど，輝きの時代を迎えた（**写真 -11**）。これからは「量とか長さを競う」から「橋の質を問う」時代になる（**写真 -14，15**）。環境に優しい新材料や新しい構造形式を踏まえた，未来に生きる橋のコンセプチュアルデザインがますます重要になると思う。この刺激的な活動に多くの方に関心を持ってもらいたい，プロとして参画してもらいたいというのも本書の意図である。「橋なんて基準に従って造っているだけだと思っていた。デザインしていたなんて」と思っている人も多いだろう。そういう人にも読んでいただきたい。

本書は 6 章から構成されている。

1章の『橋は文化を創る』では，橋づくりに関する基本情報を整理したうえで，設計者が景観や環境をどのようにとらえ，どのようなことを考えてデザインしているのかを述べている。

写真-14　設計競技で提案され，実現した秀逸なデザインの太田川大橋（広島市）

2章の『力学と設計の基本』では，力学と設計の結びつきとその学び方を，構造力学，コンクリート工学，橋梁工学の要素を接着剤として説明している。また，設計や技術開発の将来の姿も述べており，学生や若い技術者の刺激になると思われる。

3章の『つくり方から橋をデザインする』では，橋の構造形式は施工の各段階を追って順次変化して最終形に至ることから，計画～設計～施工という一連のプロセスを具体的かつ包括的に理解して取り組む必要があることを述べたうえで，

写真-15　新技術開発は弛まずに続く。バタフライウェブの圏央道桶川高架橋（埼玉県桶川市）

一連のプロセスを，橋梁形式の変遷という視点でとらえる見方を提供している。
4章の『設計という仕事』では，設計実務者が実際の設計をする際にどのように設計方針を検討し，実際のかたちに昇華させていったのかを簡潔に述べている。設計という仕事の魅力の一端を感じ取ってもらえるのではないかと思う。
5章の『橋の役割の再発見』では，現在のインフラストラクチャーにおけるデザインの意味をあらためて見直すとともに，古典的な名橋から現代社会の要請を担っている橋の事例を通じて，拡張する橋の役割を論じている。
最後の6章では，美しく合理的な橋をデザインするために重要なプロセスであるコンセプチュアルデザインを論じる。そして，その好事例を解説し，日本の橋のデザインが国際的に競争力を持つためにはどうしたら良いのかを提言する。
そして終章では，執筆者の総意として，若い方々に向けたメッセージを述べている。
こうして，さまざまな実務者，研究者が「自分の言葉で橋づくりを語る」というオムニバス形式の読み物になった。各氏の仕事や経験の違いから，コンセプチュアルデザインの定義も橋づくりに関する主張も微妙に異なっているが，その感覚やアプローチの相違を楽しみながら，教科書とは少し異なるこのユニークな本を味わっていただければと思う。

私たちが親しくしていた人のひとりに増渕 基君という，若き橋梁デザイナーがいた。日本の大学を卒業してから，橋の未来の姿を求めてスウェーデンとドイツで学び，デザイナーとしてもいくつもの橋のコンセプチュアルデザインを実践していた。その経験を日本でも生かそうと決心し，帰国を決めて間もなく，ドイツの自宅の裏山でのジョギング中，倒れてきた大木に圧されて命を失った。
彼は常々「日本には優れた橋があるのに，その橋の設計思想について解説した本が少ない」といっていた。そこで，将来を嘱望していた彼への思いを共有している8人が集まり，彼が探求していた「橋の構造芸術」を伝えたいと考えてまとめたのが本書である。謹んでこの本を増渕 基君に捧げる。

◎参考文献

1）宇沢弘文：社会的共通資本，岩波新書，696，2000

第1章
橋は文化を創る

畑山 義人

仙台市高速鉄道東西線西公園高架橋

1-1　橋づくりへの招待

（1）橋の魅力

洋の東西を問わず，多くの画家は橋を題材に絵を描き，作家もまた橋を舞台に物語を書いてきた。なぜなら，橋は河川や渓谷という障害物を乗り越えるために築かれ，その結果として交通の要衝となった橋詰に人々が集い，賑わいの場が誕生したからである。その時代の技術の粋を結集して築かれた橋の新しい形態や見慣れない構造は「絵になる風景」を生み，人々が行き交い佇む橋上空間は「歌や物語の舞台」に適していたというわけである。やがてその橋の名は「地域の代名詞」になり，絵葉書にもなって（**写真-1.1**）地名として定着していく。

橋には桁橋，トラス橋，アーチ橋，斜張橋，吊橋などさまざまな構造形式があり，石や木，コンクリート，鋼などの材料からつくられている。これらは「より長く，より強く，より安全に」という要請に応えるべく長い技術的変遷を経て開発されてきた結果であり，この「形態と材料の多様な組み合わせ」がまた橋の魅力を倍加させているのだ。

しかし，どの橋も絵になり，物語の舞台になるというわけではない。橋は税金でつくられる公共施設であることから経済性と耐久性を重視することはもちろんだが,「安く丈夫につくる」だけでは地域にとって魅力的な風景や空間が生まれるとは限らないのである。高度成長期の大量生産の反省から，近年は環境（自然環境，生活環境，社会環境）への負荷を抑制し，その地域に新たな魅力を与え得

写真-1.1　わが国では日露戦争後に絵葉書ブームが起こり，著名な橋も地域の名所として紹介されるようになった

るものが求められるようになった。これを見出すための学問分野が「橋梁工学」であり，補完するのが「景観工学」である。

前置きが長くなったが，この章では「橋」を大きくとらえ，橋にはどのような種類があり，どのようなプロセスでつくられるのか，橋の設計者は景観や環境をどのように把握し，どのようなことを考えてデザインしているのかについて述べる。構造技術のカタイ話ではなく，本書を読み進めるための準備として，いままで橋にあまり馴染みがなかった人，橋づくりに携わっている人のどちらにも認識して頂きたい基本情報を整理するのがこの章の役割である。章のタイトルを『橋は文化を創る』としたのは，私自身が眺め，学び，かかわってきた多くの橋から「橋は地域文化の形成に貢献するものである」ことを強く認識したからである。

わが国にとって歴史上，芸術上，学術上の価値の高いものを総称して「有形文化財」と呼ぶ。そのうちとくに重要なものは「重要文化財」に指定される。著名な神社仏閣だけでなく，明治以降の名建築（例えば迎賓館赤坂離宮や国立西洋美術館本館）も重要文化財になったが，戦前の橋梁や水源地のダム，水路などのインフラ施設もいくつか重要文化財に指定されている。2020（令和 2）年度には長崎の西海橋が戦後の土木施設として初の指定を受けた。

これらのインフラは最初から文化財になろうとしたのではなく，長い間都市機能や地域の生活を支え続けた結果，地域の記号（ランドマーク）になり，物語や歌の題材になって，やがては文化の形成に貢献するに至ったのである。建築物より長く使われることの多い橋は，有形文化財になる，ならないにかかわらず，地域の文化形成に影響を与えるものである。橋の設計者には，是非ともこのことを意識しつつ橋の構想を練っていただきたい。この章のタイトルにはそういう願いを込めている。

(2)　橋の種類

まずは橋の種類を説明する。橋にはさまざまな構造形式があるだけでなく，材料や用途，通行路の位置によっていくつかに分類される。また，架設工法もさまざまな技術が開発されている。ここでは認識しておくべき基本的キーワードを，検索サイトを利用しやすいよう一覧に示しておく（**表-1.1**）。特記事項にはとくに注意を喚起したいことがらも加えた。

表-1.1　橋の種類と架設方法

	主な分類	特記事項
材料の分類	木造，石造，鋼構造，鉄筋コンクリート構造，プレストレストコンクリート構造，複合構造	●木材は魅力的な自然材料だが，多湿環境のわが国では腐朽スピードが速いため保守点検頻度が高く，耐用年数も短いことに注意を要する ●鋼には普通鋼材（塗装）と耐候性鋼材（裸仕様）があるが，多雨多湿の日本では，後者は塩害環境でなくとも緻密な錆が生成されず異常錆が生じる場合があり，点検頻度を高めて監視する必要がある
用途の分類	鉄道橋，道路橋，人道橋，水路橋・水管橋，可動橋	●可動橋は交差水路の船舶を通行させ，あるいは本線の進路を変えるために昇降・跳ね上げ・旋回する構造を有する橋をいう
径間数	単径間，多径間連続	
通行路の分類	上路橋，中路橋，下路橋	
構造形式	桁橋，ラーメン橋，トラス橋，アーチ橋，斜張橋，吊橋	●エクストラドーズド橋は桁式に，吊床版などのサスペンション構造は吊橋に含む ●トラス橋は合理的・経済的構造だが，理論上一部材でも欠落すると崩壊する構造であり，保守点検に留意を要する（戦前戦中は忌避された形式） ●トラスとアーチ構造には開発者の名がつけられた多くのタイプがある
上部構造の主桁断面	I 桁，T 桁，箱桁	●この他に桁の形態ではない床版橋がある ●箱桁内部を隔壁（ウェブ）で仕切ったものを例えば２室箱桁という
橋台の形式	重力式橋台，逆Ｔ式橋台，箱式橋台，扶壁式橋台	●重力式のみ無筋，他は鉄筋コンクリート構造 ●桁と剛結されたラーメン構造以外は支承構造となる
橋脚の形式	重力式橋脚，張出式橋脚，壁式橋脚	●ほとんどは鉄筋コンクリート構造だが都市内では鋼製橋脚も多い
架設方法	ベント架設，送出架設，押出架設，張出架設，大型移動支保工架設，ピロン工法，ロアリング工法 等	●橋梁は重力に逆らって空中に浮遊させる構造であるため，大掛かりな架設工法が必要である。そのため，架設方法によって構造部材のサイズが決定するケースが多い

(3) 橋の設計プロセス

次に，橋の設計プロセスについて説明しよう。ほとんどの橋の事業者は国や自治体，道路会社，鉄道会社であり，それぞれの用途に応じた独自の設計基準を定めている。建設事業は，例えば国や自治体の道路橋の場合は，①道路計画・②道路予備設計・③橋梁予備設計・④橋梁詳細設計・⑤橋梁建設工事の順で進行する。一般的には①から④までが建設コンサルタントの道路設計技術者と橋梁設計技術者が担当し，⑤を建設会社・橋梁メーカー（鋼橋の製作・架設会社またはプレストレストコンクリート橋専門の建設会社）が担当する（**図-1.1**）。しかし，事業者によっては④⑤をセットで建設会社・橋梁メーカーに発注する場合もある。

優れた道路にするには，路線全体を視野に入れて，交通機能や安全性の確保のほか，維持管理しやすく環境負荷が小さく，そして良好な景観を形成するものをリーズナブルなコストで実現できる計画が必要である。それには「道路計画」の段階にエネルギーを注がなければならない。大規模な地形改変を回避する目的でトンネルにする，橋にする，あるいは線形を変更するなどの比較を丁寧に行う必要がある。

橋が必要と判断された場合，その計画上最も重要なのは「橋梁予備設計」の段階である。これは**図-1.2**のように進行するが，なかでも中段にある「橋梁全体計画」こそが橋の良し悪しを決定付ける。本書のテーマは「優れた橋を生み出すためにどうすればよいか」を示そうというものだが，この「橋梁全体計画」のス

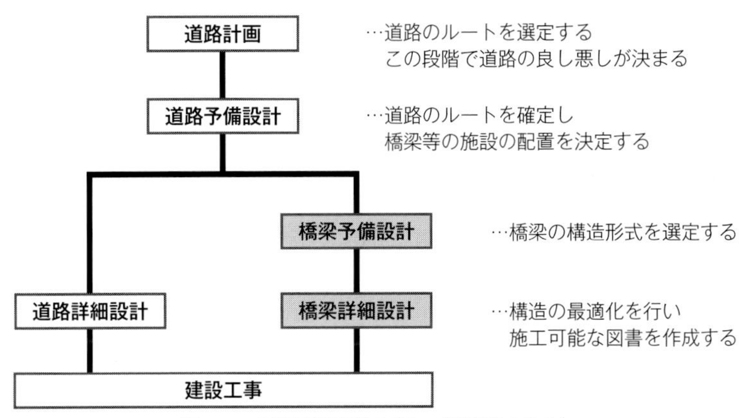

図-1.1　橋梁建設事業の流れ（道路橋の場合）

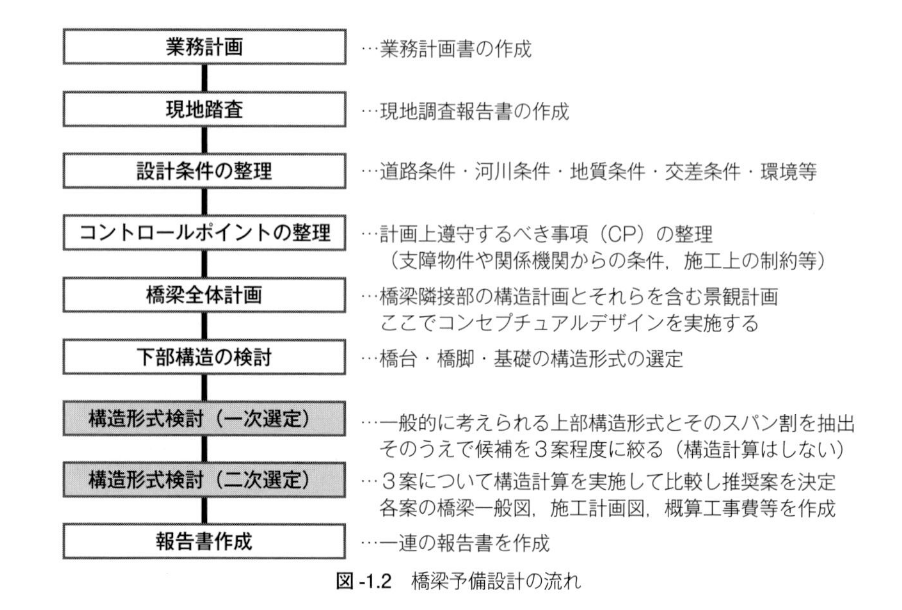

図-1.2　橋梁予備設計の流れ

テップで思想・哲学を注入するのである。

その思想・哲学を「コンセプチュアルデザイン」という。人によって微妙に表現が異なると思うが，私はコンセプチュアルデザインを「その橋の立地条件，担うべき使命，託された課題の本質を見極め，どのような解決策をもって橋づくりを行うかという構想を練り上げること」と定義する。設計者にとっては，自身の知識と経験を駆使し，強い意志で独創を求めなければならないというシビアな仕事だ。設計基準が厳格に定められているとはいえ，規定された機能と性能さえ確保すれば形態的自由度や価値創造の自由度がある程度存在するので，コンセプチュアルデザインに応じたさまざまな解決策が得られる。橋の形は立地条件やスケールによっておのずと制限を受けるが，残された自由度の中で，設計者が何に着目し，何を重視するかで形が変化していく。

「橋梁予備設計」段階のもうひとつの重要な仕事は，こうして築き上げた推奨案を理路整然と説明するためのドキュメントを作成することである。

続いて行う「橋梁詳細設計」は**図-1.3**のように進行する。工事に必要な設計図書（設計図と設計計算書等）を作成する緻密で根気の要る仕事である。ここにも「橋梁全体計画」の段階があり，予備設計で決めた案の細部を詰めてさらにブ

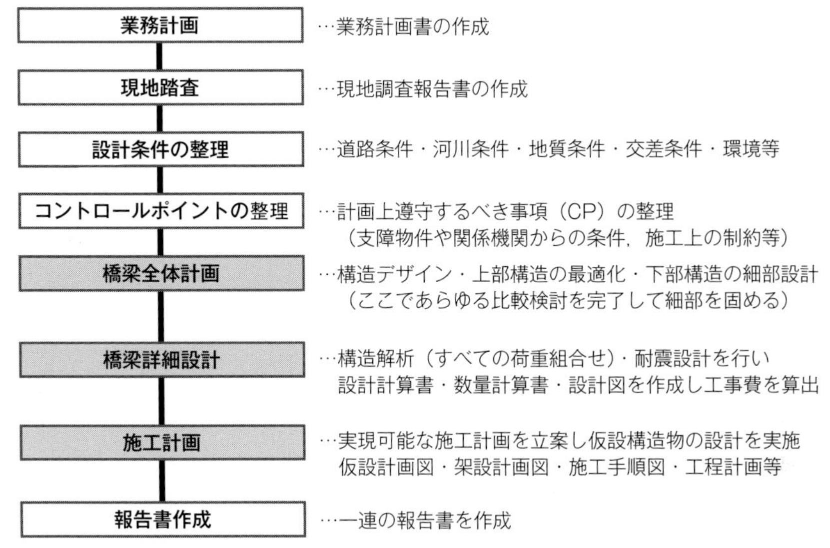

図 -1.3　橋梁詳細設計の流れ

ラッシュアップする。詳細設計担当者が「予備設計成果が不十分」と判断すれば，事業者の了解のもとでそれを廃案にし，ここでコンセプチュアルデザインをやり直すこともある（ついでに言うと，詳細設計成果が貧弱で，かつ技術力のある建設会社が施工を担当する場合には，建設会社が改善提案を行うこともある）。

橋梁全体計画に続く橋梁詳細設計は，構造解析を行って構造の安全性を照査するきわめて重要な仕事である。構造力学，材料力学，地盤工学などに精通したエンジニアが，事業者が定めた各種技術基準に照らして行う。橋の安全性や基準に関しては第２章で詳述する。

最後の施工計画は，その橋を合理的かつ安全に建設する方法を計画するもので，建設工事に精通したエンジニアが行う。橋は重力に逆らって空中に浮遊する構造物であるため，施工方法によって（部材の追加や重心の移動等に応じて）構造を変えなければならない。その結果，ほぼ同じ格好をした橋でも，立地条件や施工上の制約により構造やつくり方が異なり，工期も工費も違ってくるのである。

（4） 橋梁設計の公共調達方式

以上，標準的な設計プロセスを示した。建設コンサルタントでは，設計責任を負う管理技術者が中心となって，上部構造設計担当者，下部構造設計担当者など数名のチームを組んで設計に当たるのだが，結局のところ景観計画力，構造計画力，施工計画力が備わり，コストもリスクも語れるチームが優れた橋を設計できるというわけである。

当然ながら，事業者もそういう組織に設計を委託したい。そこで，現在は単に設計料の価格競争で委託先を決めるのではなく，プロポーザル方式（どんな方針で設計を行うかについて技術提案を求め，その内容を評価して委託先を選定する方式），あるいは総合評価落札方式（技術提案と価格提案の両方を求め，それぞれの評価点を加算して総合的観点により委託先を選定する方式）などの公共調達方式が一般的になっている。

なお，事業者によっては，設計競技（デザインコンペティション）方式で設計調達を行う場合がある。わが国で本格的に実施された2008年以降の例では，橋梁予備設計の前に設計競技を実施して当選者に予備設計を担当してもらうケースと，設計競技を橋梁予備設計の代わりと位置づけて当選者に詳細設計を担当してもらうケースとがあった。海外では圧倒的に後者の例が多い。

設計競技は「設計者を選定する」プロポーザル方式と違って「設計案そのものをダイレクトに選定」できる優れた方式である。多数の秀逸なコンセプチュアルデザインを垣間見ることができるので，多くの橋梁技術者を刺激し，橋梁界の発展にも寄与する一大イベントになる。

ヨーロッパでは設計競技が相当数開催されており，エポックメイキングな橋の誕生に貢献しているが，わが国ではまだ少ない。2018年には土木学会から『土木設計競技ガイドライン・同解説＋事例集』が出版され，設計競技を開催する環境も整った。もっと多くの開催を望みたい。

1-2　形を決める論理

前項では読者を橋の世界へ誘うために，橋の魅力と，橋にはどんな種類があってどのようなプロセスでつくられるのかを簡単に紹介した。そして，設計者は橋梁予備設計段階で魂を入れるべきであることを強調した。それは「コンセプチュアルデザイン」という行為であり，私はそれを「その橋の立地条件，担うべき使命，託された課題の本質を見極め，どのような解決策をもって橋づくりを行うかという構想を練り上げること」と定義した。短くいうなら「思想を表現した橋づくり」あるいは「意志を持った橋づくり」でもよい。

設計者が何に着目し，何を重視するかで形は変えられる。ここでは，橋の形が何を拠りどころに決められているのか，新たな価値を付与するというのはどんなことかを，実際に計画した橋に照らして紹介したい。

(1) デザインを決定する論理のいろいろ

立体造形におけるデザインの要素は形態だけでなく，規模，色彩，肌理（きめ：材料ごとのテクスチャー）などさまざまある。しかし，最も美的印象を左右するのはやはり「形態」である。橋の設計者も形態から受ける印象に細心の注意を払いながらデザインワークを行っている。

表-1.2　形態，デザインを決める論理の例

	定　義	検索して確認していただきたい代表的な施設
構造デザイン	構造を造形の出発点とし，構造の形そのものに美的表現力を持たせようというデザイン 橋梁は対抗する設計条件と構造との関係が明確で，かつ構造部材が剥き出しになることが多いため，この論理が大きな柱となる	かつしかハープ橋（東京都） 西海橋・新西海橋（佐世保市） 神戸ポートタワー（神戸市） 代々木第一体育館（東京都）
景観デザイン	対象施設を景観構成要素のひとつと捉え，その全体景観のバランスを重視するデザイン 景観を「人間を取り巻く環境の眺め」とし，人間の視知覚能力と風景の捉え方（感性）を根拠として各景観構成要素を調停する	鶴見橋（広島市） 阿嘉大橋（沖縄県） 牛深ハイヤ大橋（天草市）
環境デザイン	地域の自然植生・生態系・地球環境保全に配慮し，かつその資質を活かそうというデザイン	Linn Cove Viaduct (America) Chillon Viaduct (Swiss) ポロト橋（白老町）
空間デザイン	自然の地形や構造物などによって構成される空間の在り様に価値を与えようというデザイン 建築物の内部や公園内のように，空間の形やスケールが人間の感性に与える効果を重視する	ＪＲ中央線東京駅付近高架橋（東京都） モエレ沼公園（札幌市）

施設の形態，デザインを決める論理は，設計者が重視する主題の数だけあるわけだが，よく登場する名称は構造デザイン，景観デザイン，環境デザイン，空間デザインの 4 種である（**表 -1.2**）。どれかひとつの価値観だけでデザインを決めるということではなく，実際の設計ではこれらが複合的に扱われる場合がほとんどである。ただし，厳しい自然条件に対抗する構造システムそのものが設計の主たる目的となる橋梁では，論理を複合した場合でも構造デザインが計画の重要な柱になることが多い[1)]。

（2） スケール感の調律《構造デザイン》

Hosei V Bridge（**写真 -1.2，1.3**）は法政大学多摩キャンパスのふたつの地区をつなぐ人道橋である。発注者からは大学の頭文字である H 型のタワーを有する斜張橋をという要望をいただいていたが，全長 120 m は斜張橋としては小さい規模であるため，大袈裟に見えるのではないかと心配した。そこで，よりシンプルなスケルトンで軽快な印象を与えたほうがよいと考えて，2 段だけのケーブルを張る PC 斜張橋を計画した。さらに，橋上空間をより開放的にするために左右の塔をつなぐ水平梁を省いて 11 %傾斜させた。規模は小さいながら世界に類がない構造デザインであること（当時）を模型を使って説明し，承認をいただいたのであった。23 年が経過し，今では大学のシンボルとして親しまれている。

写真 -1.2　シンプルな構造を選択して正解。構造システムは橋梁規模に応じて適切な構造表現が必要である。Hosei V Bridge（町田市，1998）

写真 -1.3　塔を傾けたことで橋上の解放感が得られ，斜材を 2 段に抑えたことで煩雑感を回避することができた

(3) 和モダンの構造《構造デザイン》

赤坂・日枝神社の鎮守の森に向かう橋長 30m の階段橋。石橋にしたいという要望から検討が始まり，どうやって厳粛な雰囲気を醸し出すかと大いに悩んだ。交差道路の関係でアーチ形状にはできず，むくりの付いた変断面の鋼箱桁でカギ型ラーメンを形成し，アルミキャストの隙塀（すきべい）と御影石の腰壁で和風のテイストを用意した。日本の伝統的景観と現代的な都市景観をつなぐ黒鉄（くろがね）の橋にしたのである。階段には踊り場があるので外観を整えるのが難しいのだが，十分な高さの隙塀がそれを解決してくれた（**写真 -1.4**）。桁裏には外装材（カバー）を設けるのではなく，横桁も縦リブもすべてピン角の箱形として構造部材を露出させ，軒下のような雰囲気を与えた（**写真 -1.5**）。

(4) 河川景観との融和《景観デザイン》

鳴瀬川橋梁（**写真 -1.6**）は仙石線の野蒜（のびる）駅の北，吉田川・鳴瀬川を渡河する橋長 480m の橋梁である。河川空間が大きく拡がり，周囲には低い里山が連なって見える立地にある。桁下余裕の制限を受け，ケーソンなどの大規模な基礎を用いずに大スパン化を図る必要があった。そんな中で，6 径間連続 PRC フィンバック橋（魚の背びれ部分に PC ケーブルが配置されている形式）が，大型移動支保工の P ＆ Z 工法で架設することによって価格競争力を獲得し，採用に至ったのである（**写真 -1.7**）。この構造は山のスカイラインを切らずに河川風景を保全するとともに，風除けとしても機能して強風による運行の乱れを減少させる効果

写真 -1.4　常にきれいに清掃されている幸せな橋。こんなカタチは珍しいいし，悩みぬいただけに愛着のある橋だ。日枝神社 山王橋（東京都，1999）

写真 -1.5　横桁・縦リブを形鋼にするとフランジに鳥が止まり落とし物をする。木組みの軒下のような箱状デザインにしてそれを避けた

写真 -1.6　大型移動支保工のＰ＆Ｚ工法で連続フィンバック橋を架けるというアイデアは同僚の故大野浩による。側面のギャップがデザインの決め手となった。鳴瀬川橋梁（東松島市，1999）

がある。ただし，交差道路や堤防上から眺めた時に側面がのっぺりと不細工に見えることが懸念されたため，ウェブ面に 15 cm のギャップを設けることとした。配筋が複雑化して施工が面倒になったが，陰影によって構造の水平性が強調され，桁全体がスレンダーに見えて景観デザイン上の効果は絶大だった。

写真 -1.7　この工法では岸から資材を運搬し順次架設する。下部工を非出水期に造ってしまえば，上部工は河川の制約を受けずに通年施工できることが強みである（写真提供：清水建設）

(5)　程好い存在感を与えるランドマーク《景観デザイン》

サロマ湖第二湖口橋（**写真 -1.8**）は，サロマ湖の水循環と漁船の避難のために設けられている水路を拡幅するために架け替えることとなったものである。水路の建築限界をクリアしつつ橋長を短くするには下路桁が有利であり，PC フィ

写真-1.8　張出施工中の状態。サロマ湖第二湖口連絡橋。完成後に旧橋の撤去と水路の拡幅が実施される（北見市，2015）

ンバック橋にしたことで一般的な上路桁形式より橋長を約100 mも短縮できた。また，この橋のユニークなシルエットは，砂州と湖面からなる茫洋とした風景を引き締め，かつ湖に避難する漁船にとって適度なランドマークとなった。橋上からの眺めは絶景で，観光客の人気スポットにもなっている。構造デザインの観点で構造計画を実施したが，景観デザイン面でも大きな効果が得られたのである。

（6）地形改変を抑制できる構造《環境デザイン》

2本のトンネルに挟まれた深い谷を跨ぐ260 mの道路。どうしたら自然環境を傷めずに橋を造れるだろうか。谷底に到達するには鬱蒼とした森林に6.0 kmもの工事用道路をつくる必要があり，それではとても合格点は得られない。

解決の糸口は両端のトンネルにあった[2)]。すなわちトンネルそのもので山体に塔を構築し，山腹からケーブルを張り渡して1スパンの張出施工を実現する方法である（**写真-1.9**，**図-1.4**）。岩盤中の塔体は坑内から横坑と立坑を掘削し，その空洞を利用して構築する（これをトンネルタワーと呼んでいる）。立坑は上向き掘削となるが，むしろ下向き掘削より5倍程度速く施工できる。構造が成立するか否かは岩盤強度に大きく依存するが，構造システム自体はポピュラーな既存技術の組み合わせであり，坑門と橋台の取合い部における耐荷機構さえ明確にすれば実現可能性は高いと考えられた。

残念ながら山を越えた先に地滑り地帯が見つかり，それを回避するルートに変

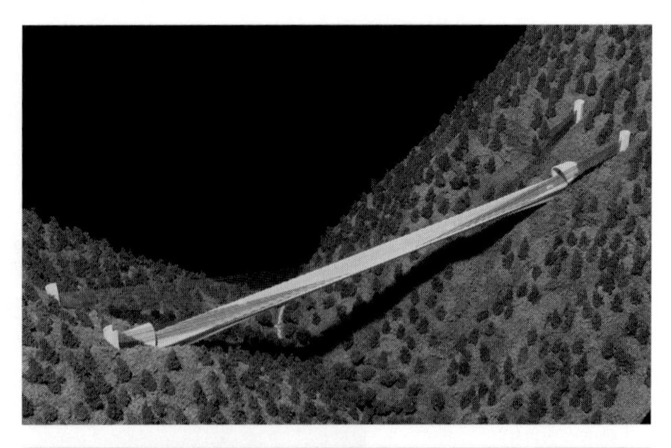

写真 -1.9《環境デザイン》山体にトンネルから塔を設け，谷を一切使わないで張出施工する。某国道橋計画案（北海道内，2000）

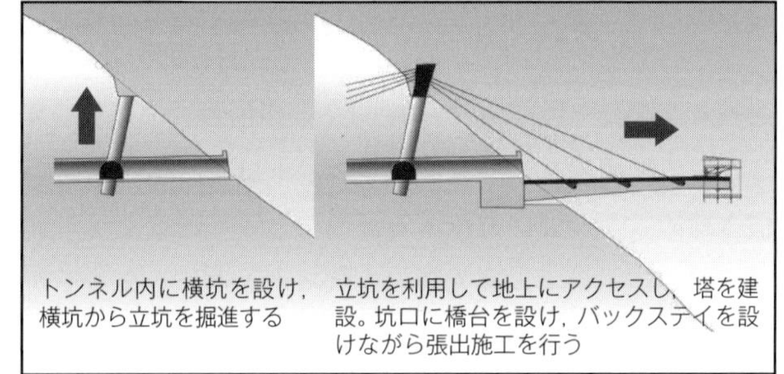

図 -1.4 トンネルタワーの建設手順

更になったため，この橋は実現しなかった。しかし，このような「構造技術で環境保全に貢献する橋」のニーズは少しずつ増加している。

（7） 空間をつなぐ橋《空間デザイン》

旭川市南6条通連絡橋（**写真 -1.10**，**写真 -1.11**）は公園同士をつなぐ橋である。忠別川河畔の河川公園と市街地側の都市公園が一体となって計画されており，緩傾斜の掘割の幹線道路が両者を貫通している。橋に対してはランドスケープの印象を損なわないこと，冬季はクロスカントリーのスキーコースに使うため除雪しないことが条件であった。公園の雰囲気と，四季折々の公園内アクティビティを結びつけるための歩道橋なのである。

そこで斜材付きπ形ラーメン構造でまとめることとした。雪荷重をしっかり受け止められ，しかもサイドスパンがオープンであるため斜面の印象を保持できるからである。また，塔やアーチが上に突出する構造ではないため，公園各地から

写真-1.10　斜面を極力緩く造成した南６条通連絡橋（旭川市，2012）

写真-1.11　旭川市は「歩くスキー」が盛んな街。この橋では圧雪車の荷重も考慮して設計

見た場合の存在感が小さく，樹木が育てば対向エリアと一体に見える。防護柵の高さは2m必要だが，冬季以外にも威圧感を与えぬよう工夫した。

橋は機能と強度を重んじつつ，装飾に頼らず，周辺環境や見る・見られるの関係を考慮に入れて，構造で美的表現を行うもの。空間をつなぐ橋であることを意識しながら，これらの基本スタンスを守った橋であった。

1-3　設計思想のバックボーン

前節では，形を決める論理にはさまざまあるが，実際の設計にはそれらが複合して作用していることを述べた。その際，厳しい自然条件に対抗する構造システムそのものが設計の主たる目的となる橋では，どんな場合でも構造デザインが計画の重要な柱になっていることを指摘するとともに，主に私の経験に基づいて例示した。

ここでは，前項の補足としての意味と，これから本書の主題である「コンセプチュアルデザイン」に関する論述を読み進めるうえで必要な基本情報としての意味から，4つの項目を掘り下げておきたい。

(1)　構造デザインと技術開発

前述のように，構造を造形の出発点とし，構造の形そのものに美的表現力を持たせようという立場に立脚するデザインを構造デザインという。すでに確立し評価されている構造システムをなぞるだけなら何の苦労もないが，このクリエイティブな仕事は「一発の閃き」で構造案が得られたとしてもそれだけでは終わらない。アイデアを生み出すためにもがいた後，その発想にエンジニアリング的な裏付けを与えて実現可能なカタチに洗練するために苦しみ，その構造の特質を第三者に認めてもらう方法を見出すために悩むという「三重苦」が待っている。上記の第二段階で挫折することだって多い。

つまるところ，構造デザインという仕事は「技術開発活動」にほかならない。桁高を抑えてよりスレンダーにしたい，パイプ同士の接合をよりすっきりさせたい，ウェブをより傾斜させたいなどと，前例のない構造や新しい材料を採用したり，既存の技術の新しい組み合わせを実現する作業は，まるで技術開発の現場である。結局は「新しい技術」が新しいデザイン，ひいては新しい景観を創造するのだ[3)]。

ところで，このクリエイティブな仕事には落とし穴が存在する。合理的，機能的な解決策が常に構造美に到達するとは限らないということである。構造的合理性を求めるほど素っ気なく愛着が湧かない形になったり，在来の平凡な形に近づいたりすることがよくある。それを救済するものこそ設計者の創造力，表現力である。本書のテーマである「コンセプチュアルデザイン」をここで発揮しなければならない。すなわち「思想を表現した橋づくり」「意志を持った橋づくり」である。

私がこのことを最初に学んだのは，2冊の本[4), 5)]に掲載されているレアロン川の橋からであった。この橋はフランス側のアルプス山中にあるPC橋で，高低差のある河岸の低いほうに重心を置いたカンチレバーのフォルムによってまとめられている（**写真-1.12**）。構造力学的にも経済的にも合理を無視してこの解決策を選択した設計者の強い決意が感じられる。対岸に手を差し伸べているようなこのダイナミックなデザインを見てしまうと，これ以外の方法は思い浮かばない。肖像写真は顔が向けられている方の空間を拡げて撮影するが，それに似た「橋梁計画の作法」をこの橋から学んだのである。

写真-1.12　レアロン川に架かるPCカンチレバー橋（写真提供：文献4)）

設計者は「意志を持った橋づくり」

を行うことが重要である。仮に多少合理を外れても，構造技術を駆使して新たな解決を図って「構造美」を獲得できるのならば，それを採用するべきだ。ただし，奇を衒っていると嫌味を感じさせないよう気を配りつつ「技と巧」を表現するという節度ある態度が必要であろう。

写真-1.13は，写真左方向の眺望を重視して片面にのみ斜材を配置した曲線橋である。高度な解析技術を背景として新構造に挑戦した結果,「面と背」のふたつの表情を持つ独創的な形態が生まれた。

写真-1.13　片面吊りPC斜張橋。同僚の沖野晃一の設計（兵庫県小野市，ローズウッドゴルフクラブBridge of R，1993。写真提供：清水建設）

(2)　百年使うということ

ゼネコン設計部の景観デザイングループに所属していた頃は「百年後を語れる風景づくり」を謳って活動していた。土木が求めるデザインが他のデザイン分野（例えばイベントデザイン，インダストリアルデザイン，建築など）とどう違うかを端的に表現しているので，このキャッチコピーは大変気に入っていた。

短い期間だけ使うなら，解決策はファッションデザイン並みにいろいろと考えられる。飽きれば取り換えればよいのだから選択も気楽だ。しかし，この施設を百年使うのだと考えて初めて「好みや流行を突き抜けたところに求める姿がある」ことがわかってくる。設計者は事業者に対して，百年使うためにはどの構造計画が優れているか，その実現のためのコストはどのくらいかをワンセットで説明する責務があるのだ。

下北半島の東通村尻労（しつかり）地区では，市街地から漁港までの高低差が22.5 mもあり，急勾配の既存道路では冬季の交通に不便を来していた。そこで，背後に崖が迫る狭い敷地と将来の土地利用計画に注意を払いながら橋梁計画を行い，直線橋案やループ橋案との比較の結果，物揚げ場を貫き，海に突き出すという大胆なS字線形を推奨した。曲線半径は50 m，縦断勾配は6.4 %に抑えることができ，長く使うことを考えると最も安全で魅力的な空間を形成することが確認できたからであった（**図 -1.5**，**写真 -1.14**）。

図 -1.5　将来の土地利用計画に配慮しつつ最も安全な線形（尻労漁港連絡橋「みらい橋」，1999）

インド高速鉄道の景観設計を担当していた頃，ある新設駅に接続するこ線橋が下路トラスで計画されていたので，隣接する大河川への眺望を確保するために中路トラスに変更するよう要求した。すると日本人技術者から「こんなひと気のない場所の，こんな汚れた川なのに景観配慮が必要なのか」と問われた。私は「今はド田舎でも，インフラが整備されれば10年で土地利用が変遷する。

写真 -1.14　単径間＋５径間＋３径間のS字線形の中空床版橋によりユニークな空間が誕生した

今はドブ川でも，社会が成熟すればやがて自然環境重視に変わる。日本の高度成長期以降の変化をイメージすればおわかりだろう」と反論した。景観設計は百年の計で考えるべきだ，山河や環境は「国土造形の要」であると同時に重要な景観資源でもあるのだから，この国を象ってきた山や川を極力傷つけず，かつその眺望を確保する設計が望まれる，そう説明してやっと認めてもらった。

だが，最終的にどうなっただろうか。きちんと彼の国の事業者を説得してくれたろうか。私の経験からいうと，「百年の計」という価値観は，伝わらない人には何をいっても伝わらないことが多かったのだ。

(3) デザインとコスト

「コストがかかる案をどう説明し正当化するか」は設計者にとって非常に悩ましい問題であり，かつ腕の（知恵の）見せどころでもある。端的に言えば答えはこうなる。「機能性，安全性，施工性，経済性，維持管理性と同様に，デザインも橋梁が具備すべき要件のひとつである。公共の財産であるからには確かに経済性は評価の大きな柱だが，それだけを重視するのではなく，ほかの要件をも正しくチェックして総合的に評価することが肝要である」。

よく引き合いに出されるのが関東大震災後の復興橋梁である。全115橋のうち隅田川の6橋に復興橋梁費の38％が投入された。しかも，ペアの橋として入念に計画され，帝都にふさわしい美しい景観を創出した永代橋と清洲橋だけでその47％を占めた。この2橋は国内初の構造（下路式アーチ，自碇式チェーン吊橋，ニューマチックケーソン基礎）や材料（デュコール鋼）を使用したものだが，復興局の太田圓三，田中豊らは，これらの選択が架橋地点の諸条件に適合し合理的であることを論理的に説明していた[6), 7)]。この選択に対し批判する後世の市民や技術者はいない。わが国の橋梁技術を世界水準に押し上げた永代橋と清洲橋は，後から造られた勝鬨橋とともに国の重要文化財に指定されている（**写真-1.15**）。

要するに，さまざまな性能を適切に評価した総合的結果として，設計者が，そして事業者が納税者（市民）に対し説明責任を果たせればよいのだと思う。私たちは日常「少し高いがキッチンの使いやすさを評価してこのマンションに決めよう」という類の選択をする。それと同様に「少し高いが速く安全に施工できるプランを選択しよう」「少し高いが街の魅力を高め交流人口を増やせるデザインを

写真-1.15　完成間もない頃の永代橋と清洲橋の絵葉書

採用しよう」というセリフが説得力を持つのなら，断固主張すればよいのだ。

私自身の経験をひとつ紹介したい。名古屋市のゆとりーとライン（新交通システム：ガイドウェイバス志段味線）の大曾根駅付近の建設工事は，地下鉄名城線，地下道と各種の埋設物があり，工期が逼迫していたため施工会社が試掘調査と橋梁設計変更業務を実施し，引き続き下部工を施工するという珍しい工事形態となった。幹線道路の中央分離帯上空を占用し交差点上空でカーブする高架橋は，当初は連続鋼箱桁橋を鋼製門型橋脚で受ける構造だったのだが，非常にゴツいプロポーションで，その先の直線区間も埋設物の関係から偏心したRC片張出橋脚（連続桁）になっていた。そこで，直線区間は鋼製橋脚に変えて偏心したまま箱桁と剛結し，中分上空の開放と基礎のコンパクト化を達成した（**写真-1.16**）。しかし，連続ラーメン化だけでは門型橋脚のゴツさは改善せず，とくに北側（**写真-1.17**の奥）の歩道が狭められる影響が致命的だったため，さらに柱と梁をダブルコラムとダブルビームに細分化することを提案した。柱は遠心力鋳造管のGコラムを使って細くし，梁は変断面に絞り，個々の部材を極力ヒューマンスケールに近づけることで桁下空間の解放感を向上させようと考えたのである（**写真-1.17**）。これによって施工難度が上

写真-1.16　直線区間は鋼製橋脚に変更し，偏心したまま箱桁と剛結（志段味線高架橋，2001）

写真-1.17　門型橋脚はダブルビーム＋ダブルコラムに細分化して箱桁と剛結

がり，相当コストアップしたはずだが，歩道の占用幅が細長く抑えられ，かつ模型によって視覚的効果も確認できた結果，協議関係者全員が賛同してくれた。皆困っていたのだと思う。課題や個々の性能評価の情報を，早いうちに関係者間で共有することが大変重要なのだと学ぶこととなった。

（4） 美学と芸術

『橋の美學』を著した鷹部屋福平は「美—とは均齊あるもの、知覺によつて喚起せらるゝ快感である」という。「橋梁に美を必要とする所以は，人間生活は何事にあれ常に美を要求するものだからである。そもそも衣食は共に美を要求し，より優れた装飾と美味によって満足するものである。家屋は雨露を凌げれば満足だというものではなく，美を要求する。同じように橋梁も，重い荷重を支えるだけで満足できるものではなく，橋梁美を要求する」と続く[8)]。

『美しい国づくり政策大綱』と『景観法』の作成を推進した青山俊樹氏は講演会等で「美しさと人の心は連動する。穏やかな自然風景，赤ん坊を抱いたお母さん，彫刻や絵画に触れたとき，人はハッと息を呑み，気持ちが高揚するものだ」と例示した。同様に，美しい景観・デザインもまた人の心を豊かにする。それは国の魅力を高め，やがてはその地域の文化に貢献していく。とくに橋は日常的に目に触れ，使われる機会の多い公共の財産であり，利用者に不快感を与える要因を排除することはもちろん，使いやすく美しい姿かたちを保持して社会に貢献する必要があるのだ。

以上が「橋は美しくならねばならない」ことの根拠である。

ところで，さらに進めて「芸術を目指すべきだ」という人がいる。「構造芸術」ということばもある。しかし，橋を設計する際のさまざまな思考や活動に照らして考えてみると，私はどうしても「芸術」という言葉を使うのには抵抗がある。

そもそも芸術とは「心象，つまり人の心の領域にある心理・境地・感情を表現したもの」である。音楽家は音を，作家は言葉を，画家や彫刻家は物や空間の姿かたちと色彩を操って心象を表現する。その作品は必ずしも美しいものばかりとは限らず，怒り，絶望，不安，悲しみなどの独創的表現で衝撃を受けることもある。つまり，美学の領域と芸術の領域は，共通領域もあるが本来的には別の領域のものであるように思う。

次に工芸・建築・土木分野で考えてみる。彫刻と同じ立体物である自動車，住宅，橋などは，まずは「実用品としての機能（用）」，続いて「必要な強度を備え安全であること（強）」，そして「美しいこと（美）」が求められる。その美の源泉は用と強の目的表現（例えば，速そうに見えるクルマ，居心地がよさそうな書斎，安心して通行できる歩道などと感じさせる物や空間の造形）に内在する。つまり，実用品としての機能や強度に由来する物や空間から発せられる美しさが「車の美」「住宅の美」「橋の美」の到達点だと思う。橋には美学が欠かせないが，芸術品と違い，社会システムの価値観にも照らし合わせた総合技術の結晶としてのバランスが重要なのである。

まあ，所詮は定義の問題で，このようにこだわるのはナンセンスなのかもしれない。アートといえば広い感じがするが，それを芸術と読み替え，橋に当てはめようとするときに抵抗感が生まれる。私が若い人に伝えたいのは，芸術を求める活動と橋づくりは異次元のものであるから，シビルエンジニアの拠るべき本分，矜持を忘れることなく精進してほしいということに尽きる。

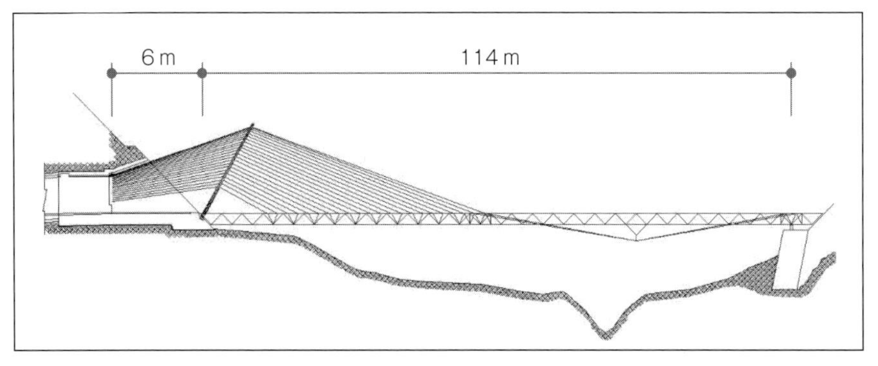

図 -1.6　MIHO MUSEUM BRIDGE 側面図

なお，超絶的な，突き抜けた美を目の当たりにして「芸術的だ」と表現したい気持ちは理解できる。代々木体第一育館や神戸ポートタワーには何度訪れても幸福を感じるし，橋にもそういう作品はある。

図 -1.6 は建築家 I. M. Pei が滋賀県信楽の県立自然公園内の山間に桃源郷をイメージして設計した美術館「MIHO MUSEUM」のメインアクセスとして 1997 年に建設された橋，《現実から夢の世界へ誘う架け橋》である[9]。

レセプション棟で手続きを終えた来館者は，まず 216m のトンネルを通って山を抜けなければならない。トンネルは緩やかにカーブしているので，先はまだ見えない。静かで落ち着いた空間を抑制の効いた間接照明に包まれて進むうち，徐々に期待感が膨らんでゆく。やがてまばゆい光が見えてきた。そして，トンネルを抜けたその瞬間に，来館者は確かにそこが豊かな自然に包まれたユートピアであることを知る（**写真 -1.18**）。

写真 -1.18　トンネル出口から Bridge を望む。橋上は 44 本のケーブルで包み込まれ魅力的な空間を創出している。正面が美術館のエントランス

橋は桃源郷の最初のシーンを彩り，結界を越えてきた人々に開放感を与え，彼らの美的感覚のスイッチを入れる役割を担う。その特徴は①60 度に傾斜したアーチ形主塔とトンネルでアンカーされた 44 本のステ

写真 -1.19　完成後 19 年が経過した様子。当時から植生を大事にしていた橋だがますます「桃源郷」らしくなっていた

イケーブルが織りなす繊細な空間，②橋長 120 m（支間 114 m）で桁高がわずか 2.0 m というパイプトラスが生み出す軽快感，③橋脚を不要とするアンダープレストレッシング構造（張弦梁構造）が醸し出す緊張感である。橋そのものが言わば美術館の一部，来館者を迎える重要な展示品になっているのだ（**写真 -1.19**）。

斬新な構造デザイン，トンネルを抜けて美術館に至る物語性のある空間デザイン，桃源郷に見立てた建設地の樹木を伐採することなく，巧妙に足場を組んで建設し，透水性の床版から雨水を桁下斜面に供給するという環境デザイン。この橋の美はそれらの結晶である。

1-4　文化の形成に向けて

ゼネコン設計部で海洋構造物，工場施設，公園，橋梁などのさまざまなインフラストラクチャーの設計業務に携わり，その後景観設計とデザインに夢中になった。これをライフワークにしようと決心した頃，インフラは多かれ少なかれ地域文化の形成に貢献していることに気が付いた。勝鬨橋や駒沢給水塔のように，特異な機能を発揮したり優れた景観を創り出したインフラは，やがて地域の代名詞となり，観光資源となり，絵画や物語の舞台にもなっているのである。

建設コンサルタントに移り，設計活動の傍ら土木史と先輩技術者の技術思想を研究するようになってからは（例えば笹流ダムの小野基樹，稚内北防波堤の土谷実と平尾敏雄，弾丸道路の高橋敏五郎など），設計者には「そのインフラの使命や課題を見極め，独自の目標像を設定して入念に設計方針を構想する」使命があることを強く認識し，自分でもそれを実践しようと努力を続けた。幸いなことに自分が勤めていた建設会社もコンサルタントも「新たな価値創造」のためにもがくことには寛大だった。

仙台市高速鉄道東西線の広瀬川橋梁の設計競技が開催されたのは，ちょうどその頃だった。ドーコンの提案は運よくこのコンペの採用案となり，詳細設計と設計監理を担当したのだが，この章の締めくくりに，仙台の地域文化を意識しつつ，仙台市民に受け入れられる橋づくりを目指した事例として紹介したい[10),11)]。

（1）地域を読む

仙台市高速鉄道東西線は，ほとんどが地下を通過しているが，高低差のある地形的な制約から，広瀬川渡河部付近は橋梁構造で計画された。ここは緑豊かな青葉山公園・西公園と広瀬川両岸の河岸段丘に立地しており，橋は杜の都・仙台を代表する重要な景観地区を貫く計画である。そこで，仙台市はデザイン的に優れた橋の実現が必要と考え「設計競技（デザインコンペティション）」方式で橋梁構造の選定を行うことを選択した。土木構造物の中でもとくに設計条件が厳しい鉄道橋としては，きわめて異例のことであった。

対象構造物は，広瀬川を横断する橋梁，西公園を横断する高架橋を含む地上区間である（**図-1.7**）。構造物の種類が多い上に，200 m 下流には昭和 12 年に竣工した名橋「大橋」が，また 200 m 上流にはダブルデッキ（二階建て）構造の「仲ノ瀬橋」があり，設計対象はちょうど公園を分断するように配置されている。したがって，鉄道の事情だけで施設の形態を決めるのではなく，この地域全体を俯瞰して橋のあるべき姿を考えなければならないことは明らかだった。

さて，私たちの「地域文化に貢献する橋のコンセプトづくり」は仙台の分析か

図 -1.7　広瀬川地区鳥観図

図 -1.8　広瀬川橋梁計画案

図 -1.9　西公園高架橋計画案

ら始まった。仙台は広瀬川や青葉山の自然を慈しみ，大樹を育てる街である。その格調の高い空間のなかで展開されるユニークなアクティビティ（お祭りやイベント）が，洒脱さに富んだ仙台テイストを誕生させている。つまり，モニュメンタルな建造物の存在よりも「自然を活かした空間での多彩な活動」が「杜の都」に活力を与える源泉なのである。

そこで，私たちはそれを「仙台流儀」と呼び，この仙台の作法に則り，迷惑施設になりかねない「公園を貫く橋」を「新たな活動を生む舞台」に変換したいと考えた。すなわち，遠目には自然風景に埋没していながら，近づくにつれて粋な工夫を見せるというダブルフェース（二面性）を持ちつつ（**図 -1.8**），降っても照っても役立つひとつの公園装置に徹する橋（**図 -1.9**）である。「仙台流儀を

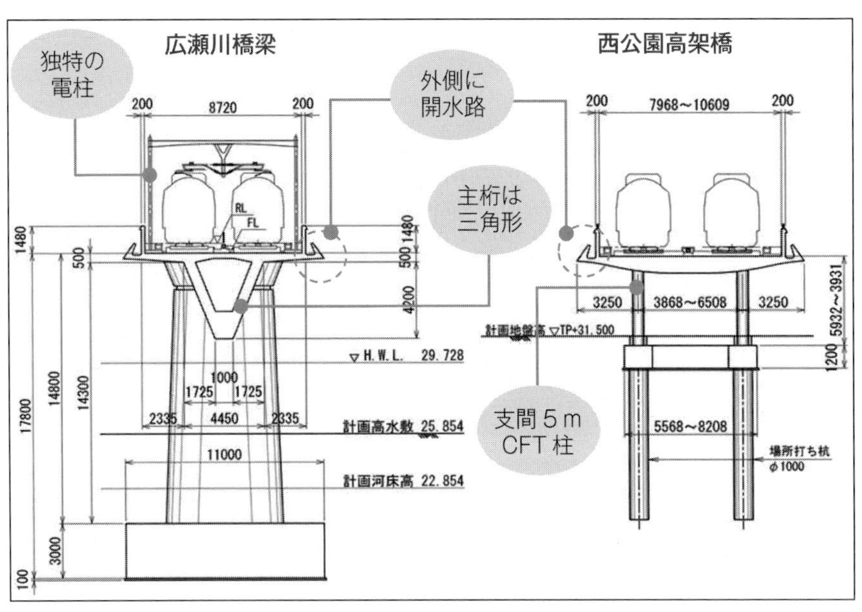

図 -1.10　構造図

育む橋」。大変大人しいデザインコンセプトだが，周囲の自然が美しいのだから，存在感を誇示するのではなく，徹底的に脇役になろうとしたのである（**図 -1.10**）。

（2）既存の技術の新しい組み合わせ

渡河橋は最大支間 70 m の 3 径間連続 PRC ラーメン箱桁橋という構造とし，張出しの大きな逆三角形断面の主桁がユニークな桁裏の表情を創出する。この造形は昭和初期より大橋が築いてきた空間を尊重し，大橋とのダブルシルエット（同時眺望）を強く意識した結果である（**写真 -1.20**）。また，公園を貫く高架橋は支間わずか 5 m の RC スラブ式 CFT 柱ラーメン橋という構造とし，桁下は大きく張出した天井と列柱が魅力的なプロムナードを創る（**写真 -1.21**）。地味な姿だが，ここで生まれる多彩なアクティビティと美しい自然が華となって，やがては仙台流儀を育む都市施設に成長してくれることを期待したのである。

実は，後日技術雑誌に「コンペで選ぶような案だろうか」と読者のコメントが載った。コンペという晴れ舞台で試みたい構造案は私たちにも幾つかあった。

写真-1.20　右岸下流側より広瀬川橋梁を望む。写真奥の河岸段丘部が西公園高架橋

写真-1.21　西公園高架橋照明の試験点灯。橋は完成し，地下鉄東西線は2015年12月に開通した。東北地方太平洋地震の影響で遅れている西公園の開園を待つばかりである

しかし，鉄道という厳しい荷重や疲労耐久性を考慮し，高架橋も高価なPRC構造にする必要を感じなかったので，実験を必要とするような新しい構造で冒険することを封印して「既存の技術の新しい組み合わせ」[12)] で勝負しようと考えたのであった。

(3) インフラストラクチャーで文化を創る

2011年3月11日，私は地震発生時には千歳発東京行の航空機に乗って東北上空を飛んでいた。30分も旋回を続けるので機材の故障かと青くなっていたら，大地震のため千歳空港に戻るとのこと。機内ラジオで凄い揺れだったことを知り，

広瀬川橋梁が被災していないか心配になった。ちょうど張出架設中の不安定な状態だったからである。千歳空港に降りて仙台に電話してもまったく通じず，不安は増幅するばかり。空港内で津波の映像を目にし，橋どころか社員や客先の命が危険とわかり，モノもいえずに会社に戻った。関係者の無事と，橋が倒れたり傾いていないことがわかったのは深夜になってからだった。

それから12年，橋が電車を乗せて仙台市民の役に立っているというのは設計者として実に嬉しいことである。交通・電力・情報インフラの重要性を改めて思い知ったあの日から，私は橋梁設計と防災をワンセットで考えるようになり，その後の三陸道や相馬福島道路の復興道路では，人々の避難経路や行動パターンを予測しながら橋梁計画を行った。

「仙台流儀を育む橋」というコンセプトで設計したこの橋が本当に仙台の地域文化に貢献するかどうかは，何十年か経過しないとわからない。文化の形成には時間が必要だ。私が設計した橋はせいぜい30数年しか経っていないのだ。橋の活用と成長については，次の世代に引き継ぐという考え方が重要であろう。

公園ではどんなアクティビティが，イベントが生まれるだろうか。私は自分が関係したどの橋にも愛情を注いでいるけれども，設計コンペと大地震を経験したこの橋にはとくに，仙台市民に愛され，ひとたび西公園が避難場所や活動拠点になるときには頼もしい「公園内の屋根付き施設」として機能してほしいと願っている。

◎参考文献

1)　篠原修編：構造デザイン，景観用語事典，彰国社，1998
2)　畑山義人：環境負荷の小さい橋梁形式，橋梁と基礎，2004.8
3)　畑山義人：足で稼ぐデザイン，橋梁と基礎，2006.8
4)　竹内敏雄：塔と橋—技術美の美学—，弘文堂，1971
5)　関　淳：ヨーロッパの橋を訪ねて，思考社，1982
6)　中井祐：近代日本の橋梁デザイン思想，東京大学出版会，2005
7)　紅林章央：橋を透してみた風景，都政新報社，2016
8)　鷹部屋福平：橋の美學，アルス文化叢書17，1942
9)　畑山義人：MIHO MUSEUM BRIDGE，橋梁と基礎，2016.8
10)　畑山義人，寿楽和也：新しい構造を求めて，Civil Engineering Consultant，2008.6
11)　森研一郎，千葉正弘，畑山義人 ほか：仙台地下鉄東西線広瀬川地区橋梁の設計と施工，橋梁と基礎，2013.4
12)　J.W. ヤング 著，今井茂雄 訳：アイデアのつくり方，TBSブリタニカ，1988

第2章
力学と設計の基本

佐藤 靖彦

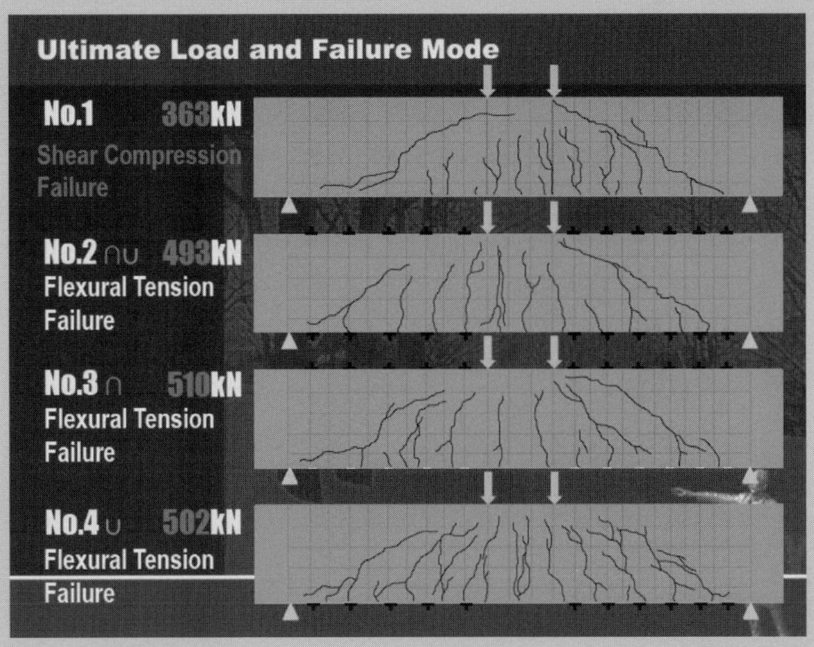

あと施工補強部材のせん断ひび割れ性状（増渕基，北海道大学卒業論文 2003 年）

2-1　破壊から学ぶ

構造物がどう壊れるのかを理解せずに，設計，さらに，維持管理することは難しい。どのように損傷が進み，どのようなったら荷重に耐えられなくなるのかをイメージする必要がある。そのために，破壊実験を見ることはとても重要である。共同実験や共同研究の意義は，そのような教育的な観点でも高く，大学人も含め立場ある研究者や技術者は，できる限りそのような場を用意すべきである。しかし，実験室で行う実験は，あくまでも，境界条件を単純化して構造物の一部を抜き出した部材レベルの試験である。

写真-2.1 は，2017 年に国立研究開発法人土木研究所により行われた旧築別橋（北海道羽幌町）の載荷試験の様子を示す。私は，学生達とともに試験に参加した。3 000 kN 以上もの荷重を安定的に載荷することは難しく，とても貴重な経験となった。しかし，このような実構造物の破壊試験を行えると良いのであるが難しい。それゆえ，過去の失敗や被害から大いに学ぶべきである。

私は，学生時代からせん断の研究を取り組み，多くの実験を行ってきた。それゆえ，せん断破壊とはどのような破壊なのかを理解したつもりでいた。しかし，1995 年の阪神・淡路大震災の時に現地で見た構造物の姿は意識を一変させた。

写真-2.1　実橋の現地破壊試験の様子

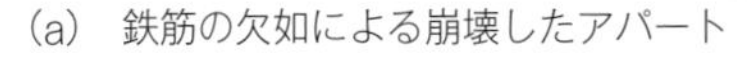

(a)　鉄筋の欠如による崩壊したアパート　　(b)　拘束度が低い丸鋼の 90 度フック

写真 -2.2　トルコイズミット地震での被害

せん断の問題は，論文を書くための研究ではなく，まさに，安全な社会の実現に必要な研究だということを理解した。1999 年のトルコ，イズミット地震の際に見た完全に押し潰された建築物の崩壊は衝撃的だった（**写真 -2.2**）。この時の調査から，鉄筋の構造細目と施工の重要性を学ぶことができた。また，2011 年の東日本大震災の際に岩手県で見た小学校の柱部材のねじり破壊を見た時には，立体的な機構と空間的に破壊をイメージすることの重要性にあらためて気付かされた（**写真 -2.3**）。さらに，2016 年の熊本地震では，地すべりのスケールに驚き（**写真 -2.4**），人工物である構造物の小ささを脳裏に刻むことができた。

世界では，自然災害だけではなく経年劣化による橋梁の破壊も多数起こっている。その一つに，2018 年のモランディ橋の崩壊がある。私は，橋梁エンジニアのブログ[2] に触発され，学部 2 年の必修の講義においてモランディ橋の事故を

写真 -2.3　津波によるねじり破壊

写真 -2.4　熊本地震で発生した地すべり

説明し，学生達に，設計者や管理者にどのような責任があるのかを考えさせている。その目的は，事実の認識と多面的・多角的な思考の訓練にある。学生の意見は大きくわかれるが，いずれの学生も，この講義の前と後では耐久性と維持管理に対する考え方が大きく変化する。

どのような構造物にも目的と機能がある。土木構造物の目的は，人類のエッセンシャルな欲求，具体的には，「人間らしく生活したいという欲求」と「遠くへ早く行きたいという欲求」を満たすことにある。それゆえ，私たち土木技術者は，「流す」，「貯める」，「止める」という機能を有する人工物を社会に提供することでその欲求に応えてきた。流すことを機能とする構造物には，橋梁やトンネルがあり，貯めることを機能とする構造物には，ダムやタンクがあり，止めることを機能とする構造物には，堤防や防波堤がある。いずれの構造物も損傷したり破壊したりすると社会に甚大な影響を及ぼす。それゆえ，構造物の設計において安全性の検討が最も重要である。

橋梁は，技術者の創造性を発揮できる代表的な土木構造物である。本書は，橋のデザインや役割を複数の角度から論じているが，そこに共通する前提は，橋梁の安全性が担保されていることである。本章では，橋梁の安全性を理解する上で必要な力学と設計にかかわる基礎知識を整理する。なお，第1章で書かれていたように，設計には広義の設計と狭義の設計がある。この章は，後者を対象としている。すなわち，いわゆる構造設計や詳細設計といわれる行為において，どのような知識が求められるのか，力学と設計の2つの視点でその両者のかかわりを意識しつつ，これまでの経験に基づく私の考えを述べる。本章を，材料，設計，耐久性，そして維持管理を深く学ぶための導入書として活用いただきたい。

2-2　力学と設計のつながり

構造物には，何らかの外力が作用する。外力は，力学作用と環境作用に分けられる。力学作用には，構造物の自重（死荷重という），車両・列車荷重（活荷重という），地震荷重などがある。一方，環境作用には，温・湿度変化，外来塩分，雨水などがある。土木構造物は屋外に置かれるので，力学作用に加え環境作用も重要な作用である。環境作用は材料劣化を引き起こすので劣化外力と呼ばれることがある。構造物は力学作用により損傷し環境作用により劣化する。

構造物の構造設計は，構造物を構成する部材を対象に，本来は時間とともに変化する外力（動的荷重）を静的な力（静的荷重）に置き換えた外力により生ずる力学的な損傷を，どのように制御するかという問題に帰着する。すなわち，その基本は古典的な力学問題であり，部材の力と変位との関係と材料の応力とひずみとの関係に立脚してその制御の方法が整理されている。

設計では，3次元的な広がりを持つ構造物を部材に分けて考える。その基本部材が棒部材と面部材である。棒部材は，主として鉛直力を支える梁部材と主として鉛直力と水平力を支える柱部材に分けられる。橋梁は上部構造と下部構造からなるが，一般的には，上部構造の主部材が梁部材であり下部構造の主部材が柱部材である。それゆえ，棒部材の力学は，橋の力学を学ぶ基本となる。

図-2.1 は，構造力学で学ぶ集中荷重を受ける単純支持された梁部材である。集中荷重が作用すると，支点に反力が瞬時に形成され，荷重と反力は釣合いし続ける。つまり，この現象をコマ送りで考えると，構造物の中を目に見えない力が絶え間なく流れていると理解できる。しかし，**図-2.1** は，梁部材が線として単純化されたモデルであり，この中に力が流れているというイメージを持てない。実際には，梁部材であっても，長さ（l），高さ（h），そして幅（b）を有する3次元の形状を有することを意識する必要がある。

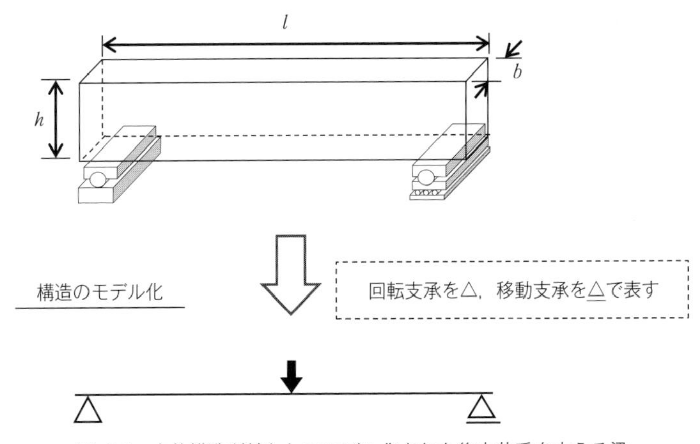

図-2.1　立体構造が線としてモデル化された集中荷重を支える梁

図-2.2 は，移動支承により支持された消しゴム製の梁の中央に，集中荷重が加加えられている様子を示している。梁には複数の直線が書かれており，力を加える前と後では直線の傾きが異なる。内部に何らかの力が流れていて構造物の位置や形が変化している。直線は，変形後も直線のままであるが，その傾きは位置により異なる。しかし，いずれの直線も中立軸に直交している。ベルヌーイ・オイラーの仮定（平面保持の仮定）が成り立っていることがわかる。しかし，この仮定はどのような梁においても成り立つものではない。せん断スパン比（せん断スパン1/2と高さ h の比）が小さいディープビームではこの仮定は成り立たなくなることに注意する必要がある（**図-2.3**）。

さて，ここで問題となるのは，流れる力をどのように扱うかである。私たちは，その流れる力を，任意に設定する2つの断面の状態の変化に着目した断面力により整理する。具体的には，**図-2.2** に示す梁は，2つの断面力によりその状態を説明することができる。その断面力とは，曲げモーメントとせん断力である。ここ

（a）荷重が作用する前の状態

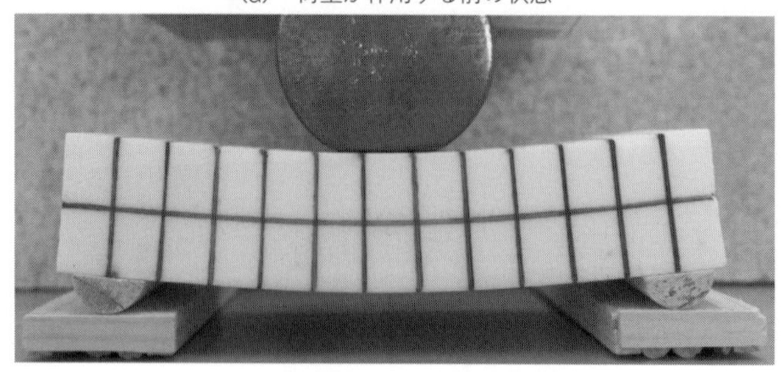

（b）荷重が作用した後の状態

図-2.2　荷重を受ける前後での断面の変化

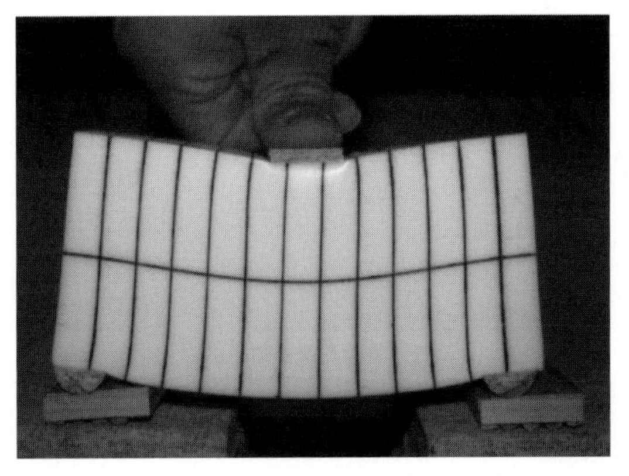

図 -2.3　平面保持が成りたないディープビーム

で，力は目に見えないので，その違いを視覚化してみる。

図 -2.4 は，単純支持された付箋紙が，中央に力を受けて変形している様子を示す。この梁は，紙を積層化し一端をのりで接着した構造である。力を作用させる前に書いた直線は力をかけた後も直線のままであるが，荷重より右側（右スパン）と左側（左スパン）では様子が大きく異なる。右スパンは，先ほどの消しゴム梁と同様に勾配が生じているが，左スパンでは，直線がまっすぐ落ちている。前者を曲げ変形，後者をせん断変形という。曲げ変形を生む力が曲げモーメントであり，せん断変形を生む力がせん断力である。すなわち，梁の内部には，**図 -2.4 (c)** に示すような変形に至らしめる「ひと組みの力のモーメント」からつくられる曲げモーメントと「ひと組みの力」からなるせん断力が形成されるように力が流れている。平面保持の仮定の下で曲げモーメントと曲げ変形を関連づけた理論がベルヌーイ・オイラーの梁理論であり，この理論は，古典的な曲げ理論とも呼ばれる。一方，せん断変形の影響を考慮に入れた理論にティモシェンコ梁理論がある。ティモシェンコ梁理論では，平面は中立軸には直交しないが平面は保持すると仮定する。つまり，まさに**図 -2.4 (b)** の左スパンのような変形である。しかし，実際には，せん断変形の影響が大きくなると，**図 -2.3** のように平面は保持されない。せん断の問題を理論的にきちんと予測することは未だに難しい。ところで，ベルヌーイやオイラーが活躍していた時代は約 300 年前であり，ティモシェンコがティモシェンコ梁に関する論文を書いたのが 1921 年である。曲げ

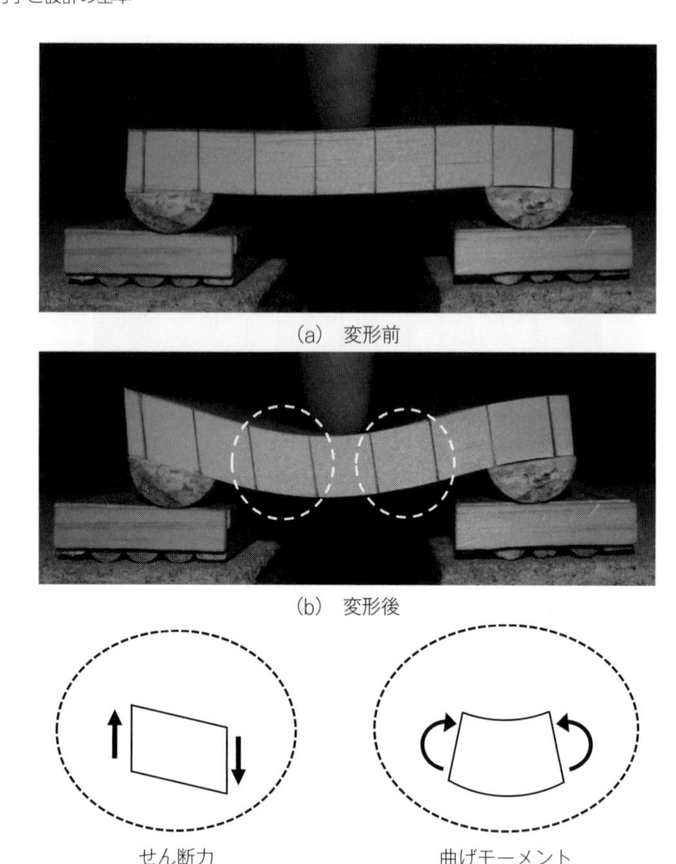

図-2.4　曲げ変形とせん断変形

理論はまさに梁の力学の「古典」といえる。

断面力には，曲げモーメント（M）とせん断力（V）の他に，軸力（N）とねじりモーメント（M_t）が存在する（3章3-2（3）参照）。これ以外の断面力はない。4つの断面力で構造の力学問題をきちんと説明できるのである。設計では，曲げモーメントとそれによる変形，せん断力とそれによる変形，軸力とそれによる変形，そして，ねじりモーメントとそれによる変形の関係を基本として，複数の断面力が同時に存在する場合の変形を把握する。同じ量だけ変形したとしても，その変形に至らしめる理由は複数ある。単に変形量だけを見ていても力学的な状態を理解しようとしなければ問題を見誤る可能性が高い。大学教育における仮想の構造物では「いくら変形したか」が問われるが，実践における現実の構造物では「なぜ変形したのか」が問われる。

構造力学の問題では，荷重が与えられ，断面力を求めたりたわみを求めたりする。断面力とたわみは，荷重Pによる所産であり，これらを荷重に対する「応答」という。構造物が変形することで，構造物の内部に応力（単位面積あたりの力）とひずみ（単位長さあたりの長さや角度の変化量）が発生する。断面力は断面内の応力を積分することで，また，たわみはひずみを積分することで求められる。それゆえ，応力もひずみも「応答」である。**図 -2.5** は，集中荷重を支える梁の断面力とたわみの位置による変化，つまり曲げモーメント分布，せん断力分布，たわみ曲線が示されている。これらの分布を用いれば，任意の断面での値，すなわち，「応答値」を求めることができる。橋梁では，荷重が梁上を移動するため，影響線を用いるなどして最も大きな断面力が作用する位置（断面）に着目する。なお，影響線とは，集中荷重を梁の始点から終点まで動かした際に，着目している断面の応答値が，荷重位置によりどのように変化するか，つまり，応答値に及

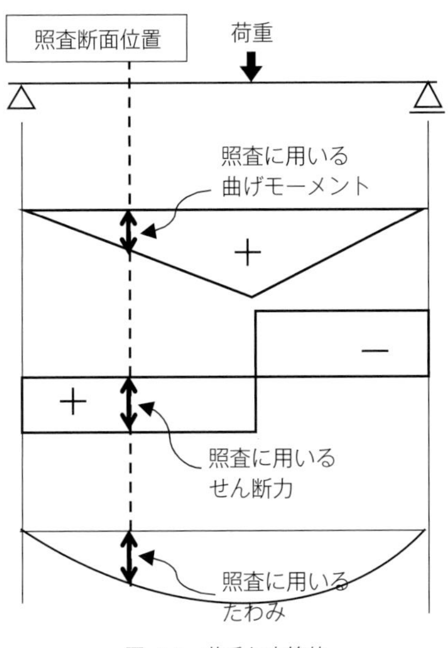

図 -2.5　荷重と応答値

ぼす荷重位置の影響を図化したものである。

荷重が増加すると応答値も増加する。しかし，その増加割合は，荷重の大きさにより異なる。一般に，荷重が小さければ，材料に作用する応力を小さく抑えられるので荷重と応答値は比例関係にある。この場合の挙動を線形挙動と呼び，その挙動を予測する解析を線形解析という。しかし，荷重が大きくなると，材料の応力とひずみとの間には比例関係が成り立たなくなり，その結果，荷重と応答値の関係も比例しない。荷重と応答値が比例しないような振る舞いを非線形挙動といい，その挙動を予測する解析を非線形解析という。**図-2.6** には，応答値としてたわみに着目した場合の材料の応力とひずみの関係と部材の荷重とたわみの関係が整理されている。なお，ここでは材料非線形について説明したが，その他の非線形特性として幾何学的非線形がある。幾何学的非線形は，弾性材料を用いた場合であっても，部材が大きく変形した場合に現れる非線形性のことである。一般的な構造設計では，外力に対するたわみなどの変形は，部材の大きさに比べて十分小さいので，幾何学的非線形性を考慮した設計は行われていない。

一般に，構造物の破壊を判断するために，応答値として断面力を求めるとともに部材の耐力を求める。部材の耐力とは，部材が破壊する時の荷重であり，荷重と変位との関係の最大値とされる。設計では，この耐力の値を「限界値」と呼び，破壊が起こるかどうかを判断する。つまり設計とは，材料強度や断面形状を変えて，限界値が応答値を下回らない解を見つける行為である。この「応答値」と「限界値」を比較する行為を「照査」という。応答値が限界値より大きければ，照査は不合格となり，設定した断面形状や材料強度を変えるなどの変更を行う。この

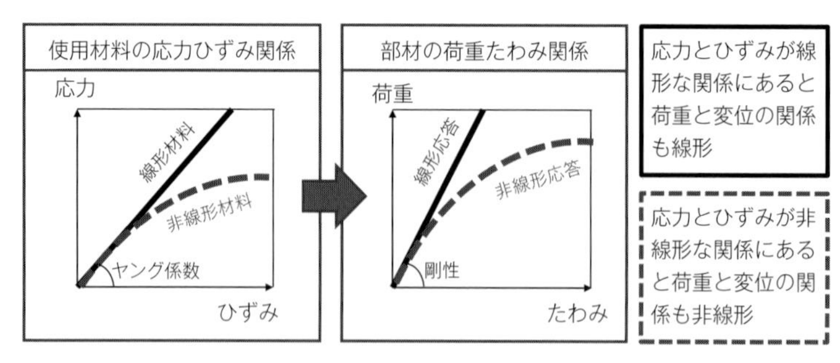

図-2.6　材料非線形性とは何か

試行錯誤の過程に，新しい材料を活用したり，新しい断面形状を生み出したりできる可能性がある。これが断面設計と言われる所以であるが，断面内の力の釣合いや耐力に着目するだけでは，立体的な耐荷機構をイメージできないので，構造設計の検討において，空間的独創性を有する構造物を生み出すことは難しい。コンセプチュアルデザインの実践において，構造全体系における力の流れ方，流し方，そして壊し方をイメージできる能力が欠かせない。それゆえ，例えばストラット - タイモデル[1)]のように，断面設計の弱点を補える力学モデルを考案し，正しく活用することの意義は大きい。なお，ここでいうコンセプチュアルデザインとは，橋が置かれる時空間上での役割と求められる機能を整理し，その役割と機能を定量的かつ客観的に説明しうる性能を設定し，その性能を満足する構造体を具体化することで，第三者にその橋の価値と魅力を明快に説明できるようにする行為である。

しかし，考えた構造体を頭の中や紙の上では容易に描くことができても，実際につくるとなるといろいろな心配事が出てくる。それは，実現性と不確実性に対する心配である。その構造が実現できるのであれば，設計では，所定の寸法にできるか，材料は想定している強度を発揮できるか，応答値は小さく見積もっていないだろうか，逆に，限界値は過大に見積もっていないだろうかとの不安を，安全係数として考慮することで払拭する。この安全係数の考え方の進化が，設計方法の進化につながっている。

2-3　限界状態設計法が世界の主流

仕様規定と性能規定という概念が存在する。仕様規定とは，使用材料や強度などが細かく規定される考え方であり，性能規定とは，要求される性能が満たされるのであれば材料や強度などあらゆることを自由に決めることができる考え方である。前者は量とスピードを重視する社会に向いている考え方であり，後者はひとつひとつの個性や創意工夫を重視する社会に向いている考えである。現在，構造物の設計概念は，仕様規定から性能規定へと移行しようとしている。

構造物に求められる代表的な性能に安全性と使用性がある。安全性と使用性とは何かと聞かれても，漠然としているので答えるのが難しい。それゆえ，それらを表す「指標」を探す。その指標は定量的に求められるものでなければならないので，荷重に対する応答値，つまり，断面力，変位，応力，ひずみが指標として用いられる。先に設計は損傷の制御であると述べた。これは，安全性と使用性を損傷と関連づけるということを意味する。つまり，損傷が，断面力，変位，応力，ひずみによって表されるのである。

構造物の安全性や使用性が，必要なレベルを満たしているかどうかを設計時に客観的に確認する方法として，これまでに3つの方法が開発された。それが，許容応力度設計法，終局強度設計法，限界状態設計法である。

許容応力度設計法の特徴は，線形解析（弾性解析）を基本とした方法であり，ヤング係数（応力とひずみとの関係の傾き：**図-2.6**参照）が一定と考えられる範囲において，木，石，鋼，コンクリートなどどのような材料に対しても適用できる点にある。しかし，応力のレベルが高くなり材料が非線形性を示す領域に入ると，断面力とそれにより材料に発生する応力が比例しないため線形解析を適用できない。破壊する時には強い非線形性を示すので終局状態（破壊）に対する安全率が不明瞭であり，許容応力度設計法では破壊の限界を扱うことができない。許容応力度設計法では，応力度を指標とした照査が行われ，その値（許容応力度）を定める際に安全率を用いて不確実性を考慮できる。いい換えると，不確定要因は数多くあるがひとつの安全率しか考慮できない方法である。また，単一の材料からなる構造であれば，その許容値を定めることは比較的容易であるが，複数の材料を組み合わせた複合構造の場合，材料ごとの許容値を合理的に設定することは難しい。これが，許容応力度設計法を鉄筋コンクリートなどの複合構造にうまく適用できない理由である。

許容応力度設計法を用いる場合の最大の悩みは，破壊に対する安全率が不確かなことである。この悩みを解決する方法として終局強度設計法が誕生した。終局強度設計法は，破壊に対する安全率を求めることができるだけではなく，荷重のばらつきを考慮している点に大きな特徴がある。しかし，材料強度のばらつきと計算の精度を考慮できないという弱点を有する。そこで，この弱点を克服する設計法として限界状態設計法が開発された。

限界状態設計法は，どのような解析方法を用いても良い。すなわち，許容応力度設計法は「線形解析」だけ許されたが，限界状態設計法は「非線形解析」を使っても良く，また，建設時および供用時の通常の荷重下でのひび割れ幅や変形といった「外観」から状況判断できる指標を活用できるので，維持管理と結びつけられるといった特徴がある。限界状態設計法では，荷重の大きさ（頻度）に応じた複数の限界状態を用意することで合理的な設計を実現させている。また，限界状態設計法では，部分安全係数を用いることにより，種々の不確定因子を合理的に考慮できるので，精度が向上し安全係数を小さくすることでコストを縮減できる。つまり，がんばると報われるような体系になっている。この種々の不確実性を合理的に考慮できる限界状態設計法が世界の主流の設計法である。なお，土木学会コンクリート標準示方書が1986年に限界状態設計法に移行してから現在に至るまで，当時設定された安全係数が，実績や研究成果に基づき小さくなったという事実は見当たらない。これは，われわれの努力が足りないことを意味するのだろう。もしかしたら，最初に設定された値が将来を見越した値だったのかもしれないし，逆に，安全係数の種類が多すぎたのかもしれない。ところで，土木学会コンクリート標準示方書が限界状態設計法を採用した際，終局限界状態，疲労限界状態，使用限界状態という3つの限界状態が用意された。しかし，最近のコンクリート標準示方書では，「終局」，「疲労」，「使用」が消えてしまい，「安全性に対する限界状態」と「使用性に対する限界状態」といういい方に変更された。多様な限界状態を用意している海外の設計コードとは異なるスタイルであり，海外の研究者や留学生と議論する際にその理由を聞かれるが説明に窮する。性能は構造物にしか要求されず，その性能を満足するために構造物を構成する部材や部位に対し限界状態を設定する必要がある。

国際標準化機構が定める国際規格（ISO 2394）では，限界状態設計法を用いることを求めているので，国際的には許容応力度設計法は使用できない。先ほど，許容応力度設計法は，応力を指標とすることを述べた。それゆえ，応力を制限値として使うことを許容応力度設計法と勘違いすることが多いが，応力を用いる場合であっても，破壊に対する安全率が明確にされているのであれば，それは限界状態設計法の考え方に則しているといえる。断面力，変位，応力，ひずみのいずれの指標を使っても，荷重，材料，施工，計算に関する不確実性をきちんと考慮しているかどうかが重要なのである。欧州の代表的なコードとしてEUROコードがあり，アメリカにはACIコードがある。それらコードは，コード全体で種々の不確実性を考慮できるようになっている。それゆえ，虫食い的に種々のコードから設計式や値だけを持ってくる使い方は間違いである。その数値がなぜどのように決められたのかを理解せずに複数のコードを組み合わせた設計は避けなければならない。どこでどのように不確実性を考慮しているのかをきちんと学ぶ必要がある。

なお，近年は，計算の不確実性を小さくするために非線形有限要素解析を活用するようになってきている。しかし，多くの仮定の上に成り立つ構成モデルを拠り所にする非線形有限要素解析は，あくまでもシミュレーション（計算による模擬）であることを私たちは認識しなければならない。また，非線形解析の妥当性の検証のために実験結果との比較が行われるが，実験結果が常に正しいわけではないことを意識しなければならない。支持条件や荷重条件が想定通りでない場合があるからである。備えるべきはツールではなく，正しく賢く活用できる能力である。非線形有限要素解析は，誰が叩いても同じ答えになる電卓にはなり得ない。

2-4　コンクリート構造の理解の突破口

コンクリート構造には，鉄筋コンクリート（RC）構造，プレストレストコンクリート（PC）構造，プレストレスト鉄筋コンクリート（PRC）構造がある。通常使用する状況において，RC 構造は曲げひび割れの発生を許容するが，PC 構造はひび割れの発生を許さない。その中間的な構造である PRC 構造は，ひび割れの発生を許容するもののその幅をしっかりと制御しようとする構造である。いずれの構造も破壊する時にはひび割れが発生しており，力学的挙動に本質的な差はない。なお，RC 構造と PC 構造はヨーロッパで誕生したが，PRC 構造は，私の大師匠にあたる横道英雄博士が生み出した数少ないジャパンオリジナルの技術[2]である。

コンクリート構造を理解する上で，コンクリートに発生するひび割れとコンクリートと補強材との間のずれ（付着）の理解が欠かせない。この2つのイベントが，非線形性と耐荷機構に大きな影響を及ぼす。

ひび割れには，力学作用により発生するひび割れと環境作用により発生するひび割れがある。環境作用によるひび割れには，乾燥収縮，凍結融解作用，アルカリ骨材反応があり，作用の程度とともに材料の品質に起因する。その詳細は他書に譲ることとし，ここでは，力学作用により発生するひび割れに着目する。

力学作用によるひび割れ（構造ひび割れ）は，巨視的なひび割れと微視的なひび割れに分けられる。巨視的なひび割れは，引張応力が支配的な応力場に発生し，微視的なひび割れは，圧縮応力が支配的な応力場に発生する。外観から判断できる巨視的なひび割れは，維持管理における重要な点検項目となる。

構造ひび割れは，断面力と関連付けて整理されている。曲げモーメントにより発生するひび割れが曲げひび割れ，曲げモーメントとせん断力の組み合わせにより発生するひび割れがせん断ひび割れといわれている。ねじりモーメントにより発生するひび割れはねじりひび割れである。しかし，軸力により発生するひび割れを軸力ひび割れとはいわない。そもそもそのような用語は目にしない。コンクリートは，軸引張力を受ける部材として使用することは考えておらず，圧縮力を受けるためひび割れが発生しない，もしくはひび割れが発生しない範囲で引張部材として使用するため，設計上，軸力ひび割れなる用語は必要ない。

曲げひび割れとせん断ひび割れの挙動からコンクリート構造が置かれている状態を理解できる力を養うことのコンセプチュアルデザイン実践上のメリットはとても大きい。曲げひび割れは，引張域から圧縮域に向かって進展する。その方向は引張応力に直交する。コンクリートに作用する応力が，コンクリート引張強度に達するとひび割れが発生する。単純支持された鉄筋コンクリート（RC）はりのひび割れは，**図-2.7** のように発生する。荷重点に下側から入るものだと暗記すると，片持ちRCには**図-2.8 (a)** のように，また，連続RCはりには**図-2.8 (b)** のようにひび割れが入ることになる。もちろんこれらは間違いであり，正しく書くために引張域と圧縮域を定義する必要がある。正解を**図-2.9** に示す。曲げひび割れは引張域から圧縮域へと進展する。一方，せん断ひび割れは，引張域から曲げモーメントが大きい方へと駆け上っていく（**図-2.9** 中の点線矢印）。なお，

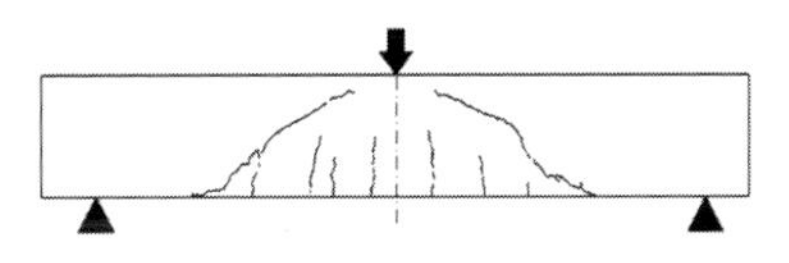

図-2.7　単純RCはりの正しいひび割れ図

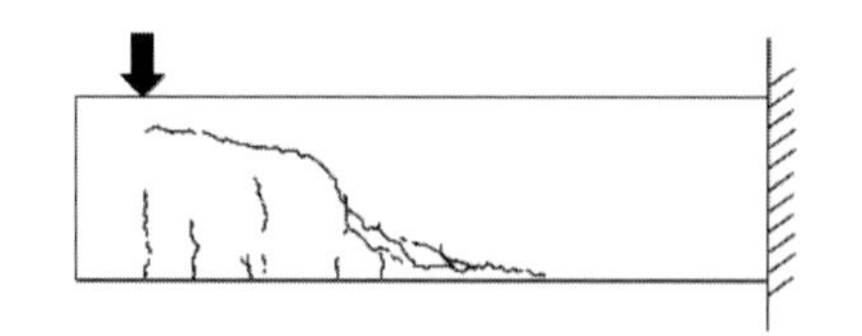

(a)　方持ち RC はりのひび割れ図（これは間違い！）

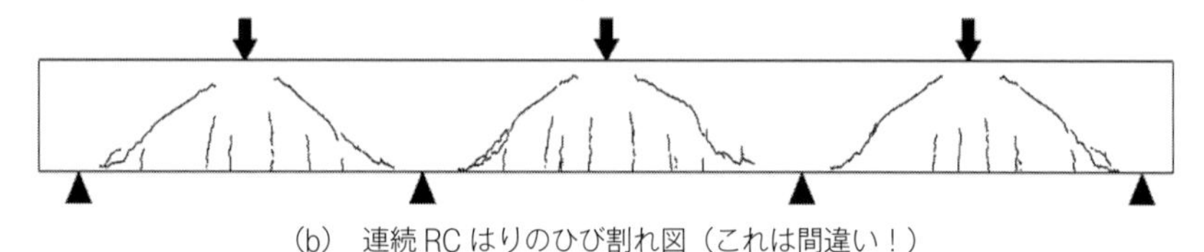

(b)　連続 RC はりのひび割れ図（これは間違い！）

図 -2.8　単純 RC はりのひび割れ図に基づいて描いた間違ったひび割れ図

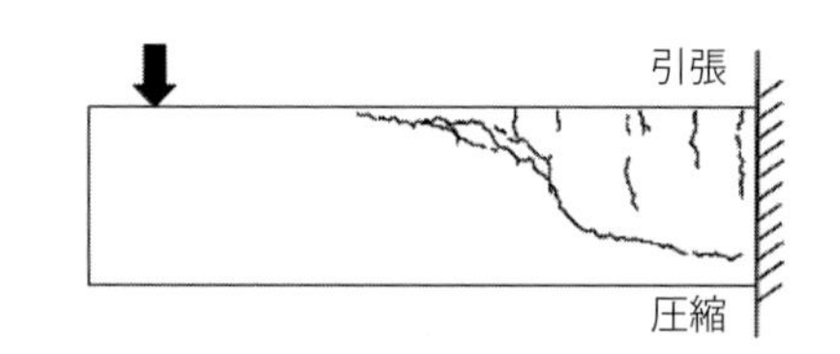

(a)　方持ち RC はり

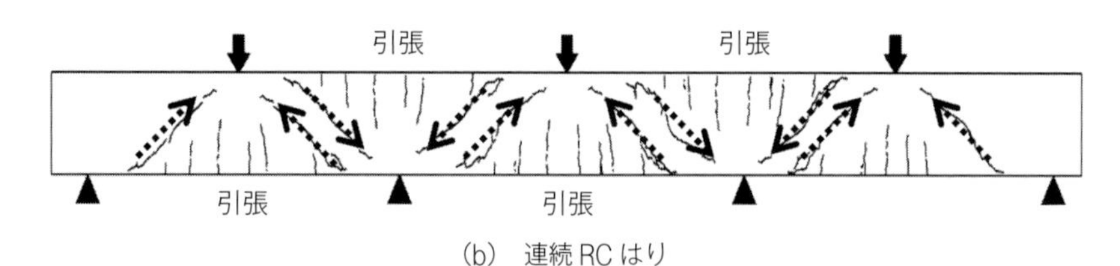

(b)　連続 RC はり

図 -2.9　正しいひび割れ図

地震荷重は，地盤の揺れに対応して生まれる慣性力なので，荷重の向きが交互に変化する。荷重の向きが入れ替わることで，曲げひび割れは直線状に断面を貫通するように発生し，せん断ひび割れは X 状に発生する（**図 -2.10**）。

コンクリート構造物は，ひび割れにより耐荷機構が変化する。曲げひび割れだけが発生していれば，梁機構が成立する。しかし，斜めひび割れが発生すると，梁機構からトラス機構へ，さらに，トラス機構からタイドアーチ機構へと変化する。設計でどの機構までを使うのかの意思決定とその機構にあった照査式を選択

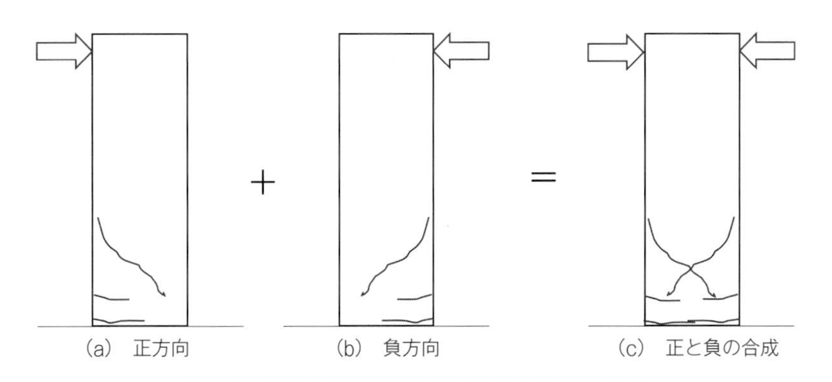

図-2.10　正負交番荷重を受けるRC柱のひび割れ性状

できる知識が求められる。梁機構，トラス機構，タイドアーチ機構とはどのような機構なのか，また，それぞれの機構に対する照査式はどの式なのかという視点で，関連の専門書を読み直してほしい。

なお，鋼構造物はひび割れ（一般に「亀裂」という）を許容しない。鋼材に力が作用すると，亀裂が発生する前に降伏が起こる。降伏とは，力を加えようとしても増加せずに変形がずるずると大きく増加する現象である。その現象が現れる応力度，すなわち，降伏強度は，引張力を受ける場合と圧縮力を受ける場合で等しく，鋼材の引張降伏強度は，一般的なコンクリートの引張強度の100倍以上もある。この引張に対する抵抗能力の違いが，鋼構造物とコンクリート構造物の力学的挙動の理解の仕方の決定的な違いに繋がっている。また，引張に対する高い抵抗能力を有する鋼材は，単位体積質量がコンクリートの3倍近くもありとても重いため，材料や運搬コスト，施工のしやすさの観点から薄肉部材が用いられ，結果としてコンクリート構造物よりも軽くなる。しかし，部材が薄いと座屈しやすくなる。それゆえ，座屈が重要なトピックとなる。また，自然界ではサビの状態で存在する鋼材は，常に安定的な状態になろうとする。それゆえ，鋼材を用いる場合は，腐食への配慮がきわめて重要な課題となる。しかし，穴が空くような腐食が起こらず，腐食の範囲が表面にとどまる一般的な状態であれば，コンクリート構造物とは異なり，腐食による劣化は鋼構造物の耐荷機構に影響を及ぼさない。一方，鉄筋コンクリートやプレストレストコンクリートに用いられる棒状の鋼材が腐食すると，膨張性を有する腐食生成物が鋼材表面に形成されることで鋼材を包み込むコンクリートを押し広げ，鉄筋周辺のコンクリートに放射状に広がるひび割れが発生する。その結果，鋼材の腐食が付着特性を変化させ，コンクリート構造物の耐荷機構に影響を及ぼす。鋼構造物においてもコンクリート構造物においても，鋼材の腐食という材料劣化の形態は同じであるといえるが，構造物の安全性や耐久性の考え方が大きく異なる理由がここにある。

2-5　ライフタイムデザインのすすめ

大量に生産される自動車や飛行機は，設定したレベルに到達するための試作と評価が繰り返された後に製品が製造され販売される（**図-2.11**）。しかし，厳しい自然環境に晒される単一かつ大型の生産物である土木構造物は，種々の制約から試作と評価という試行錯誤の過程を経ることができない。また，自動車や航空機のようにユーザーからの性能レビューを短期間で得ることもできない。性能規定の下での創意工夫の果実を早く収穫したいのだがそれが叶わない。より良いものをつくろうとすれば，性能規定の考え方の方が適しているとわかっているのに，移行しきれない現実がある。土木構造物の設計コードは，書店でもネット通販でも誰もが簡単に手に入れることができる。しかし，自動車や飛行機の設計コードは，どこにも売られていない。性能を競い合う世界は，設計法をオープンにするような文化をつくらない。一方，土木構造物や建築物は，多くの人が目にすることで安全性を幾重にも確認できる構造になっている。土木や建築における構造物の性能設計のあり様を考える上でのひとつの側面である。

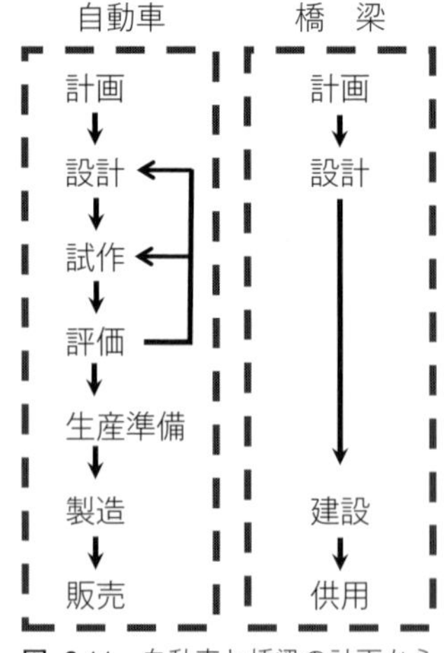

図-2.11　自動車と橋梁の計画から完成までの流れ

土木学会コンクリート標準示方書（2017年版）では，土木構造物の性能として，耐久性，安全性，使用性，復旧性，環境性を用意している。どの性能も重要ではあるが，ヒエラルキーの最上位にあるのが安全性である。構造物の安全性は，構造物というシステムをいくつかの部材・部位に分け，すべての部材・部位が破壊しないことで確保されている。個々の部材・部位の安全性の確認には，ある程度の余裕しろを加味している。その際，鉄筋の腐食やコンクリートの凍害といった使用材料の劣化を許さず，設計時に想定する力学および環境作用下で変状が起こらないように材料の種類や特性を決定する。これは，設計において制御できないものを考慮できないからである。つまり，鋼材の腐食の程度や凍結融解によるコンクリートの劣化の程度を力学的にも化学的にも制御できないので，塩害も凍害も起こらないとして設計する。設計時の耐久性の照査とは，力学的な照査の前提を確保するための行為といえる。それゆえ，維持管理では，その前提が成立しているかどうかを確認すれば良いことになる。しかし，実際には，鋼材腐食や凍結融解作用などによる無視できない劣化が顕在化する場合がある。すなわち，設計と維持管理の間にギャップが存在する。設計という仮想の世界と維持管理という現実の世界は大きく異なる。

さて，設計における力学的な前提が維持管理段階において崩れてしまった場合，つまり，劣化が顕在化した場合の耐久性はどのように考えると良いのだろうか。そのひとつとして，「材料の耐久性」と「構造物の耐久性」を明確に分けて整理する方法がある。例えば，凍害は，水がコンクリートに浸入し，氷点下での水分の凍結・移動に起因することでコンクリート表面にポップアウトが起こったり内部に微細なひび割れが発生したりする劣化機構である。この劣化の顕在化とは，あくまでもコンクリートという材料に発生した状態，つまり「材料の耐久性」の視点での問題であり，表面にポップアウトが起こってもかぶりコンクリート内部に微細なひび割れが発生したとしても，構造物を構成する部材の耐力低下といった「構造物の耐久性」の視点での問題にはすぐには結びつかない。すなわち，設計の前提通りであり工学的・構造的な問題は存在しない。

一般に「材料の耐久性」を確保するための行為を補修と定義できるが，この補修という行為は，設計の前提を満足させ続けるための対策と位置付けられる。なお，凍害にしても塩害にしてもアルカリ骨材反応にしても，すべて水の作用に起因する。水が作用することで「材料の耐久性」が低下し，それを放置し続けると「構造物の耐久性」が低下する。それゆえ，水の制御は，時間軸上での構造物の損傷制御のキーファクターであり，最大の対策といっても過言ではない。

コンクリート工学は，コンクリート材料とコンクリート構造にわかれて発展してきた。そして，設計はコンクリート構造に，一方，維持管理はコンクリート材料に重きを置いて教育・研究がなされてきた感がある。設計では，劣化による性能低下が生じないことを前提に種々の照査体系が構築されてきた。そして，それを確実なものとするために，材料の観点と施工の観点から高耐久性を実現する方法を見出し，両者を適切に組み合わせることで「材料の耐久性」を確保してきた。しかし，現在,「材料の耐久性」と「構造物の耐久性」のバランスが崩れた構造物が国内外で増えている。「材料の耐久性」と「構造物の耐久性」のバランスが崩れたことを想定していないこれまでの学問体系からその解決策を見出すことは容易ではない。これからは,「材料の耐久性」と「構造物の耐久性」を，材料，設計，施工，そして維持管理までを俯瞰してとらえられる能力が必要になる。その能力を養うための核となる知識が，力学と設計に対する正しい理解である。

「材料の耐久性」が大きく失われた場合,「構造物の耐久性」をきちんと予測しなければならない。そのために，構造物の性能の時間的変化を把握できる方法が必要になる。この方法を整備することで設計における構造性能照査と維持管理における構造性能照査の連続化が可能となる。一般に，設計段階で考慮されていなかった要求性能が，維持管理段階で新たに考慮されることはない。しかし，設計時に想定していなかった欠陥や劣化が存在する状態から維持管理を始めようとすれば，維持管理計画において，要求性能の種類やレベルを変える場合も出てくる。このような状況の多くは，設計作用と実際の作用の差に起因しているものと考えられる。では，どのように設計作用と実際の作用との差を小さくすることができるのだろうか。これは容易なことではないが，新設ではなく，既設構造物の更新が増える今だからこそできることがある。すなわち，撤去する構造物が実際に経験した作用を検証し，その結果を，新設構造物の設計作用に反映させることは難しいことではない。時間軸に沿った構造性能評価技術とともにローカルな生きた情報を敏感に反映できる設計体系を整える必要がある。

構造物の耐用年数は，材料劣化のような物理的要因のみで考えられるだけでなく，構造物への期待や使われ方といった社会的な要因にも影響を受ける。ただ，前者は技術的に予測できるようになりつつあるが，後者についての確実な予測はきわめて難しい。しかし，もちろん100年先や200年先のライフスタイルはわからないが，われわれが創造する社会インフラが将来のライフスタイルを形作って

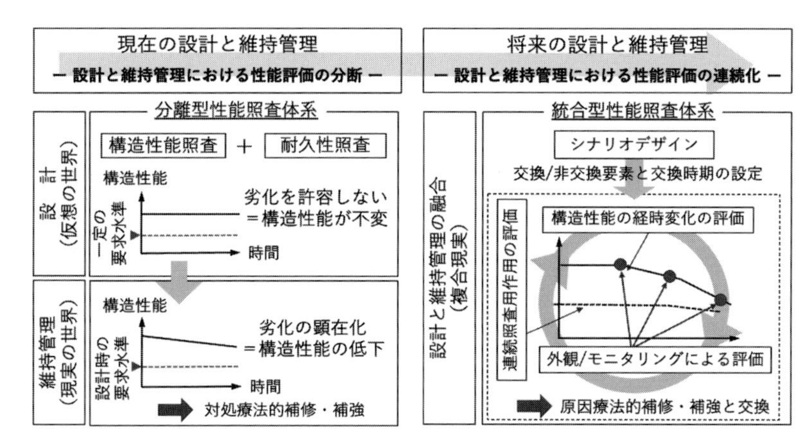

図 -2.12　設計と維持管理を一体としてとらえたライフタイムデザイン

いくポテンシャルを有していると考えて，その役割を今一度問い直すことで設計哲学を磨き上げるとともに，社会の要求に柔軟に対応できるような設計技術を準備することはできる。設計技術に関しては，構造物を一つのシステムとしてとらえ，設計耐用期間内に一部の部材や部位を取り替える「部品」という概念を交換要素として導入し，部材によっては，高耐久な材料を用いることで非交換要素とし，その時々の社会環境に適合できるように，あたかも構造物自体が自己複製を行っているかのような動的平衡を実現する「ライフタイムデザイン」を実装すべきである（**図 -2.12**）。

2-6　夢を与えられる橋の実現に貢献する構造設計

われわれは，構造物をできるだけ長い期間使いたいと思っている。文明の基盤を支える構造物を50年程度で造り替えるような社会を目指してはいない。社会インフラの基幹をなす橋梁は，丈夫で長持ちするものでなければならない。加えて，量から質への転換が図られる今，多くの人がワクワクするような，街や人に夢を与えられるような「美」が必要不可欠である。

先ほど，設計法の進化を不確実性の考慮の観点で説明し，限界状態設計法が最も優れた設計法であることを述べた。設計法の優劣を考える上でもうひとつ重要な視点がある。それは，材料の能力と部材の能力である。すなわち，限界状態設

計法は，作用の大きさと種類に応じて複数の限界状態を設定し，材料および異なる材料間の非線形挙動を考慮することで，材料と部材が保有している能力を上手に引き出すことができる優れた設計法であるといえる。その理由は，材料と部材の能力を引き出すことで，より経済的で合理的な構造を創造できる可能性が高いからである。しかし，限界状態設計法による構造設計が，良い橋を生み出すための必要十分条件ではない。歴史に残り，文化の一部になっている名橋のすべてが，限界状態設計法により設計されているわけではない。橋の良し悪しは，どの設計法を用いるかで決まらない。

土木学会コンクリート標準示方書，道路橋示方書，鉄道構造物等設計標準には，構造物が性能を満足するか否かを定量的に把握できる標準的な方法が示されている。しかし，それら設計基準に共通する理念は，性能を満足することをしっかりと確認できるのであればどのような方法を用いても良いというものである。つまり，材料や部材の能力を引き出すだけではなく，構造としての美しさといった社会との調和性を引き出せる手法を自らがつくり設計することを認めている。技術的かつ社会的な難易度は高いが，設計の自由度を高め，創造力を引き出す構造設計を指向できる環境はすでにある。

名橋と呼ばれる橋に共通するひとつの特徴は，いくつもの時代を跨ぎ使い続けられることである。しかし，材料および構造物の耐久性が意識されるようになってからまだ60年程度しか経っておらず，国内に目を向けると，モデルコードとしての役割を持つ土木学会コンクリート標準示方書に，世界に先駆けて，時間を考慮した耐久設計法が導入されてから，また，維持管理編が加わってから，たった20年しか経っていないという事実を認識しなければならない。この事実に鑑みれば，われわれは今，構造物を用いた実環境下での試行錯誤による実験的検証を通じて時間軸に沿った照査に必要な技術を研ぎ澄ませている過程にあると考えることができる。

この試行錯誤の過程を経て，構造物の損傷・性能を時間軸上で制御できる時代を迎えられるようになる。ひとつひとつの橋梁に対して，設計，施工，維持管理が3次元モデルを用いてシームレスに実行される時代が到来する。その時，現在の構造設計などの多くの行為は，AIやロボットに取って代わるだろう。技術者の出番はそこにはない。AIやロボットが出したプランが妥当なのかを総合的に判断できる能力と創造性にかかわる能力を有する技術者が求められる。その将来に向かってなすべきことのヒントが，この本に散りばめられている。

◎参考文献

1）Schlaich, K. Schafer, and M. Jennewein：Toward a Consistent Design of Structural Concrete, Journal of PCI, Vol.32, No.3, pp.74-150, 1987
2）横路英雄，角田与史雄，高田宣之：PRC 桁の曲げ性状および断面設計法について，北海道大學工學部研究報告，Vol.38, No.1, pp.65-77, 1975
https://eprints.lib.hokudai.ac.jp/dspace/bitstream/2115/41139/1/68%281%29_65-78.pdf
3）スパン 35 メートルからのデザイン・ブログ，http://span35m.blogspot.com/2018/08/blog-post_95.html

第3章
つくり方から橋をデザインする

久保田 善明

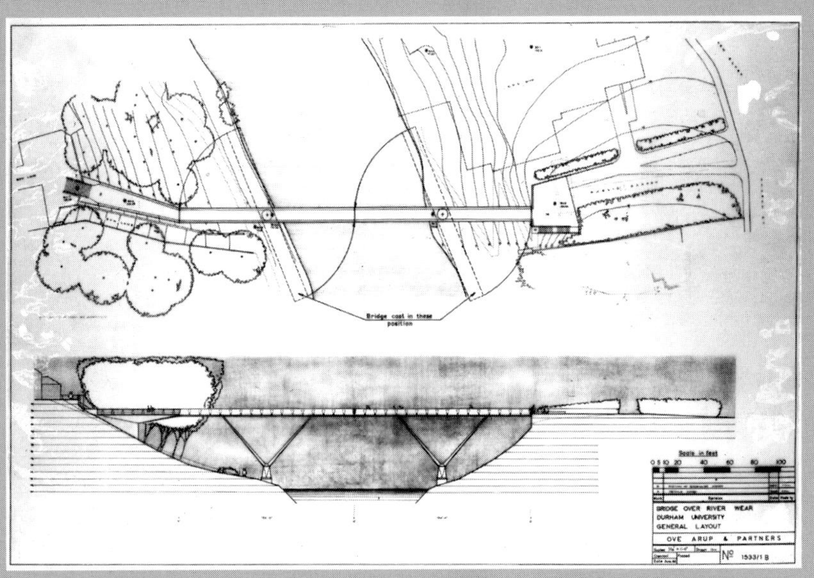

Kingsgate Footbridge（©Arup）

3-1　橋のかたちを決めるもの

(1)　技術も造形も

何かをデザインするときには，多かれ少なかれ「それをどうつくるか」という問題とかかわることになる。橋も同様，つくり方を知らずにデザインすることはできない。多くの橋は，構造体そのものが橋の姿に決定的に大きな影響を与えるが，それは橋が「水平方向にスパンをとばす構造物」だからである。加えて，橋には大型トレーラーや鉄道車両の荷重など，通常の建築物では想定しないような大きな活荷重を想定しなければならないからである。これらのことから，橋のデザインには，一般の建築物に比べて必然的に構造的要素が色濃く反映されることになる。その結果，多くの橋は，技術と造形の一体不可分性がより強い構造物となる。したがって，橋をデザインする際には「技術か造形か」で分けて考えるのではなく,「技術も造形も」同時に考えなければならない。橋をデザインする難しさや面白さは，まさにこういった性質にも関係する。

橋は「水平方向にスパンをとばす構造物」であることから，構造形式のバリエーションも豊富である。橋のかたちを実質的に支配しているといえる「構造形式」は，橋の完成後の状態で語られることが多いが，橋が完成に至るまでの途中段階も非常に重要である。橋の構造形式は，施工の各段階を追って順次変化し，最終的な構造形式へと至る。一口に橋のデザインといっても，完成した状態のみをデザインするのではなく，完成に至るプロセスをもデザインすることが本来的に必要なのである。つまり，計画～設計～施工という一連のプロセスを具体的かつ包括的に理解してデザインの作業に取り組まなければならない。橋のデザインは，個人で設計するにせよチームで設計するにせよ，芸術センスや美的表現スキルだけでデザインできるようなものではない。橋を美的にデザインすることは当然目指されなければならないが，同時に，工学的に高い専門性が求められる。

(2)　施工プロセスとデザイン

橋のデザインは施工技術という現実に強く縛られている。材料開発や解析技術の進展により橋のデザインに大きなイノベーションが起きたように，新たな施工技術によってもまた，イノベーションが生じ得るのである。

施工技術や施工プロセスをデザインに組み込むということは，設計段階から施工を考え，施工からデザインを考えるということにほかならない。実際，橋をデザインする際に施工を考えないことはまずあり得ないが，どのような施工方法が最も合理的で適切かということは，現場条件や施工者の保有技術などにも関係するため，必ずしも一意には決まらない。また，施工プロセスが異なれば，たとえ完成後の外観は同じでも，施工時に構造体が経験した応力履歴が異なってくるため，構造体の内部に蓄積されている応力の状態もまた異なるものとなる。このように，外面的にも内面的にも，設計と施工は密接に結びついている。

施工を合理的に行うことのメリットは，工期短縮による早期の供用開始，コスト削減による公共事業費の節約や企業利益の向上，作業の単純化による施工ミスや事故の削減と品質の向上，資材のリサイクルによる環境負荷の低減，工事に伴う交通規制を少なくすることによる社会的影響の最小化，騒音や振動の低減による近隣環境への配慮などさまざまなものがある。いずれも重要な問題であり，橋を施工する際には，これらのことを十分に検討しなければならない。逆に，これらのことが重要なヒントとなって，優れたデザインが生まれる場合もある。発注者側もそのような民間の創意工夫を最大限に引き出せる発注方法を選ぶことが重要である。

3-2　橋梁形式と施工プロセスの関係

(1) 橋梁形式について考えよう

まず，橋の構造形式を意味する「橋梁形式」とは何か，その本質的な理解が必要である。橋の形式には，桁橋，トラス橋，アーチ橋，吊橋などさまざまなものが存在するが，そもそも橋はなぜそのような形式として存在しているのだろうか。そこで橋梁形式の構造と形態の分かち難い関係について考えてみることにしよう。多種多様にみえる橋梁形式も根本では深くつながっているのである。なお，現代の橋は，耐震性や走行性の向上，桁端部で発生する衝撃音の低減，支承数や伸縮装置の削減による経済性や維持管理性の向上などを図るため「多径間連続」の構造としてつくられることが多い。しかしながら，さまざまな橋梁形式を基本から理解するためには，まずは「単径間」で考えてみるのがよいだろう。多径間連続はその拡張によって考えることができるからである。

(2) 橋の部材内部に生じる断面力

橋には，それ自体の重さ（死荷重）のほか，人や自動車，鉄道などの重さ（活荷重）が作用する。さらに，地震，風，施工時の一時的な荷重などさまざまな荷重が作用し，これらすべての力に対して安全に設計されなければならない。状況によっては，地震や風が支配的要因となる場合もあるが，橋梁形式に最も大きな影響を与えるのは，多くの場合，死荷重と活荷重，つまり，重力の作用である。現在までに開発された数々の橋梁形式は，その多くが重力に抵抗してどのような構造システムなら空間を渡ることが可能かという問いかけに対する解答として考え出された構造システムである。

重力に抵抗して空間を渡る構造体の部材内部には，次の5種類の断面力が作用し得る。すなわち，①引張力，②圧縮力，③曲げモーメント，④せん断力，⑤ねじりモーメントの5種類である（**表-3.1**）。橋は重力に抵抗して空間を渡ることが目的のため，多くの場合，その構造的特徴は，橋を側面から見たときの鉛直平面に投影されたかたち（側面形状）で考えることができる。したがって，この

表-3.1 橋に作用する5種類の断面力[1)]

上段：断面力の種類（名称） （下段：存在し得る空間の次元）	部材への作用	橋への作用
①引張力 （1，2，3次元）	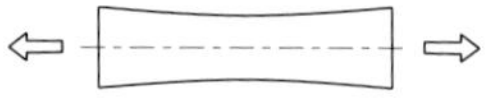	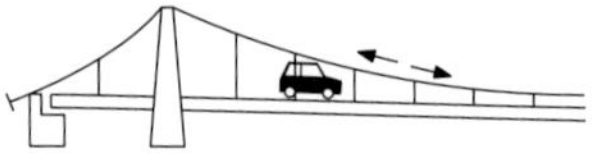
②圧縮力 （1，2，3次元）	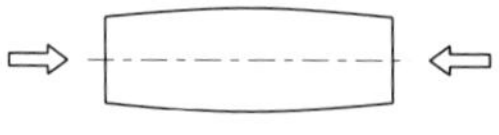	
③曲げモーメント （2，3次元）	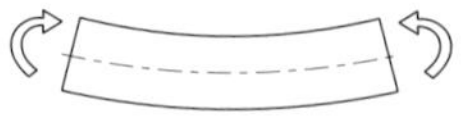	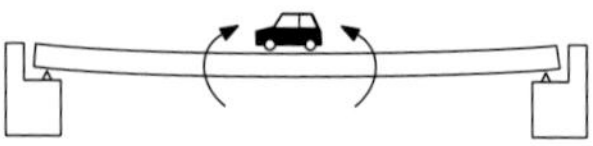
④せん断力 （2，3次元）		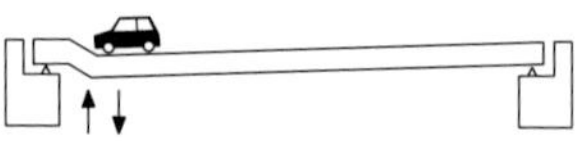
⑤ねじりモーメント （3次元）	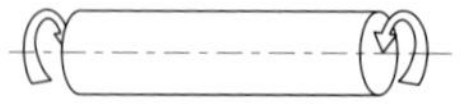	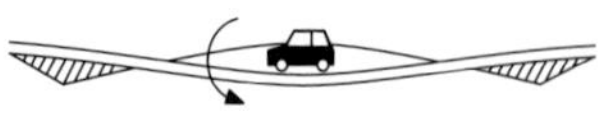

2次元の鉛直面に含まれ得る①〜④の4つの断面力をもとに橋のかたちを考えよう。なお，⑤も橋の構造に大きな影響を与え得るが，側面形状にはそれほど大きな影響を及ぼさない。⑤が橋梁形式に与える影響の詳細は他書[2]に譲ることとし，ここでは，①〜④の4つの断面力を中心に話を進めていくことにしよう。

(3) 断面力に応じた部材のかたち

前述の①〜④の断面力が橋の構造全体にそれぞれ支配的に生じる場合，それぞれどのような構造システムで抵抗することになるだろうか。**図-3.1**に示すように，径間全体にわたり引張力が支配的な場合の構造システムとして「サスペンションシステム」が考えられる。圧縮力が支配的な場合には「アーチシステム」，曲げモーメントとせん断力が支配的な場合には「ビームシステム」を考えることができる。ビームシステムには，曲げモーメントとせん断力を一体的な断面で伝達する「充腹システム」と，曲げモーメントとせん断力の伝達部材が機能的に分離された（その結果「斜材」を有する）「斜材システム」の2種類を考えることができる。

(4) 構造システムの連続性と対称性

以上に述べた4つの基本的な構造システムは，それぞれ明確な力学的独自性を有しつつも，互いに無関係に存在するのではなく，むしろ連続性や対称性によって関連づけられている。**図-3.2**は，これら4つの構造システムの構造と形態の

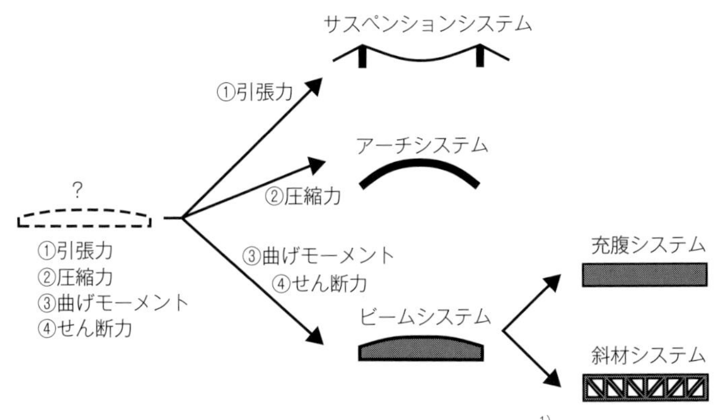

図-3.1　橋の構造システムの基本的分類[1]

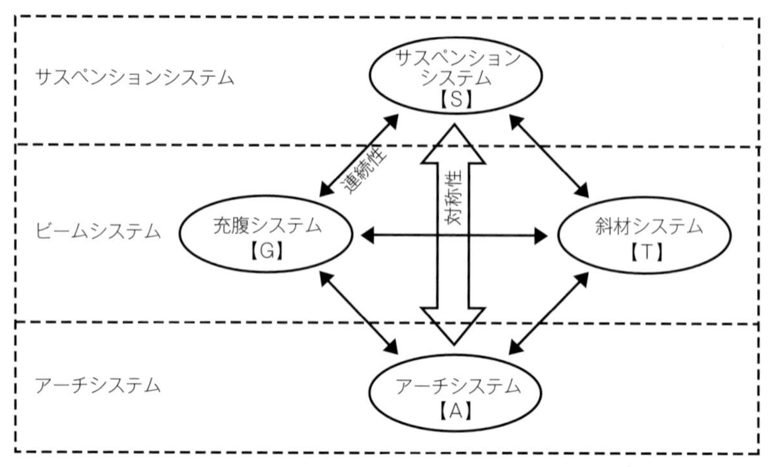

図 -3.2　４つの基本的な構造システムの連続・対称関係 [1)]

連続関係や対称関係を整理したものである。図において，構造システム同士を結ぶ矢印は，力学的・形態的な連続または対称関係を表している。

また，**図 -3.3** は，それら４つの構造システム同士の力学的・形態的な関係性を中間的な構造システムとともに示したものである。

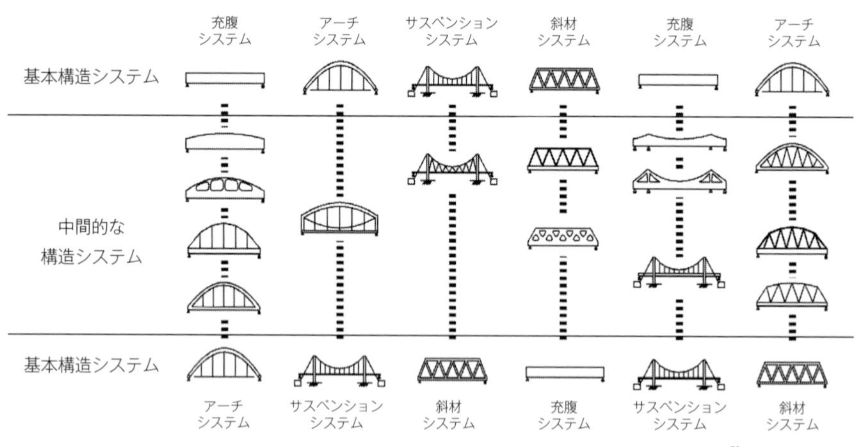

図 -3.3　４つの基本的な構造システムとそれらの中間的な構造システム [3)]

(5) キャンチレバーができる構造とできない構造

4つの基本的な構造システムを**図-3.2**のように表現したことは，この後に述べる施工プロセスの観点からも非常に重要な意味をもっている。この図は，ある構造がキャンチレバー（片持ち梁）として成立するかどうかを明確に説明している。具体的にいうと，まず，サスペンションシステムは，部材（ケーブル）が懸垂状であることによって機能する。そのためケーブルの両端が水平・垂直方向にずれないように固定されていなければならない。ケーブルの両端が固定されているということは，サスペンションシステムはそれ自体キャンチレバーとして張り出すことが原理的に不可能であることを意味する。同様に，アーチシステムは部材形状がアーチ型を保持することで機能するが，その両端はやはりずれないように固定されていなければならない。つまり，アーチシステムもそれ自体ではキャンチレバーとして張り出すことが不可能である。一方，ビームシステムは，充腹システムも斜材システムも，キャンチレバーとして張り出すことが可能である。つまり，**図-3.4**において，中段のビームシステムのみがキャンチレバー可能であり，上段のサスペンションシステムと下段のアーチシステムはキャンチレバーが不可能である。そしてキャンチレバーとして張り出すことが可能かどうかという問題は，橋梁形式を施工プロセスから考える際に非常に重要な意味を持つ。

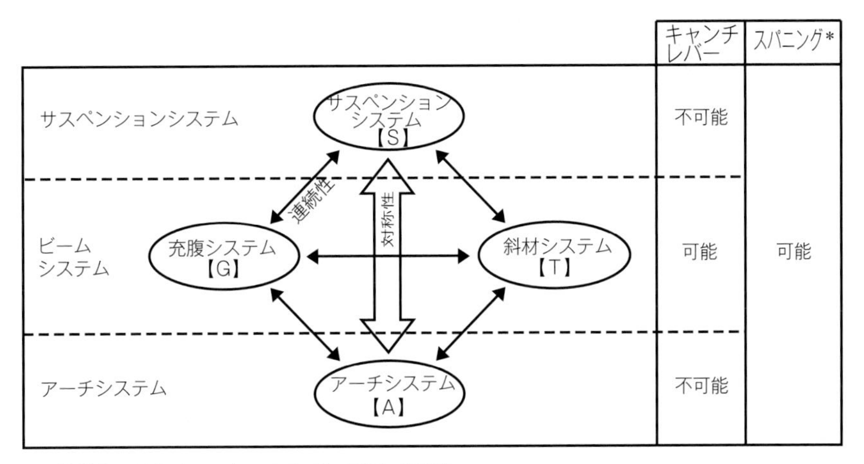

＊　片持ちではなく，ひとつのスパンを跨いだ構造

図-3.4　基本構造システムとキャンチレバーへの対応性[4)]

（6） 構造システムの相互連関性と形態操作

以上みてきた４つの基本構造システムの相互連関性を簡易に表現したものが**図-3.5 (b)** である。以降，本章では，**図-3.5 (b)** の表現を用いて橋梁形式の特性を簡易に表現するとともに，施工プロセスにおけるその変遷を見ていくこととしたい。

なお，**図-3.5 (b)** を２つの三角座標が上下に対に並んだものだと考えると，**図-3.6** のように，４つの基本的な構造システムの中間的な構造システムを三角座標内に定量的に位置づけることができるようになる。ここでは具体的な定量化手法については割愛するが，**図-3.6** にプロットされた各点は，それぞれの橋梁形式の平均値を表している。実際には，同じ形式の内部にもばらつきがあるため，個別のデータは平均値の周辺に分布していることになる。

橋梁形式をこのように連続的なものとして考えると，上下の三角座標それぞれの内部にはさまざまな橋梁形式がプロットされ，橋梁形式の相互連関的な関係性をより深く理解することができるだろう。このとき，座標空間内の距離は，橋梁形式同士の構造原理的な距離（関係性の近さや遠さ）を表すこととなり，上下の三角座標の互いに対応する位置（鏡像の位置）には，橋梁形式の構造的な対称性（上下反転の関係性）が表現されることとなる。

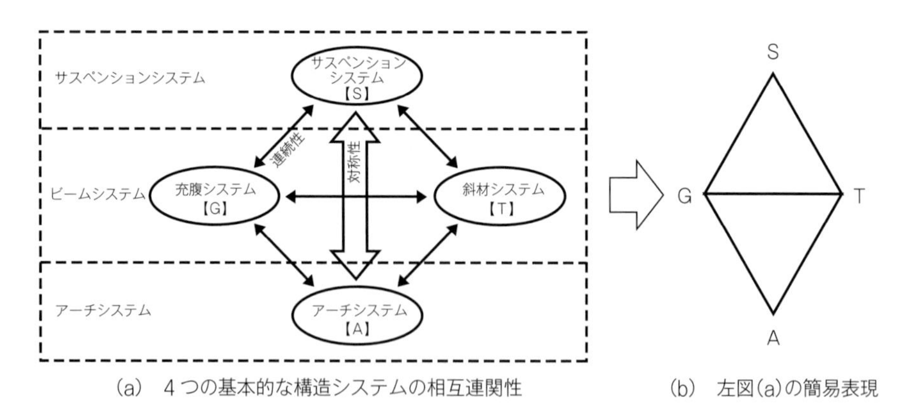

(a)　４つの基本的な構造システムの相互連関性　　(b)　左図(a)の簡易表現

図-3.5　基本構造システムの相互連関性の簡易表現

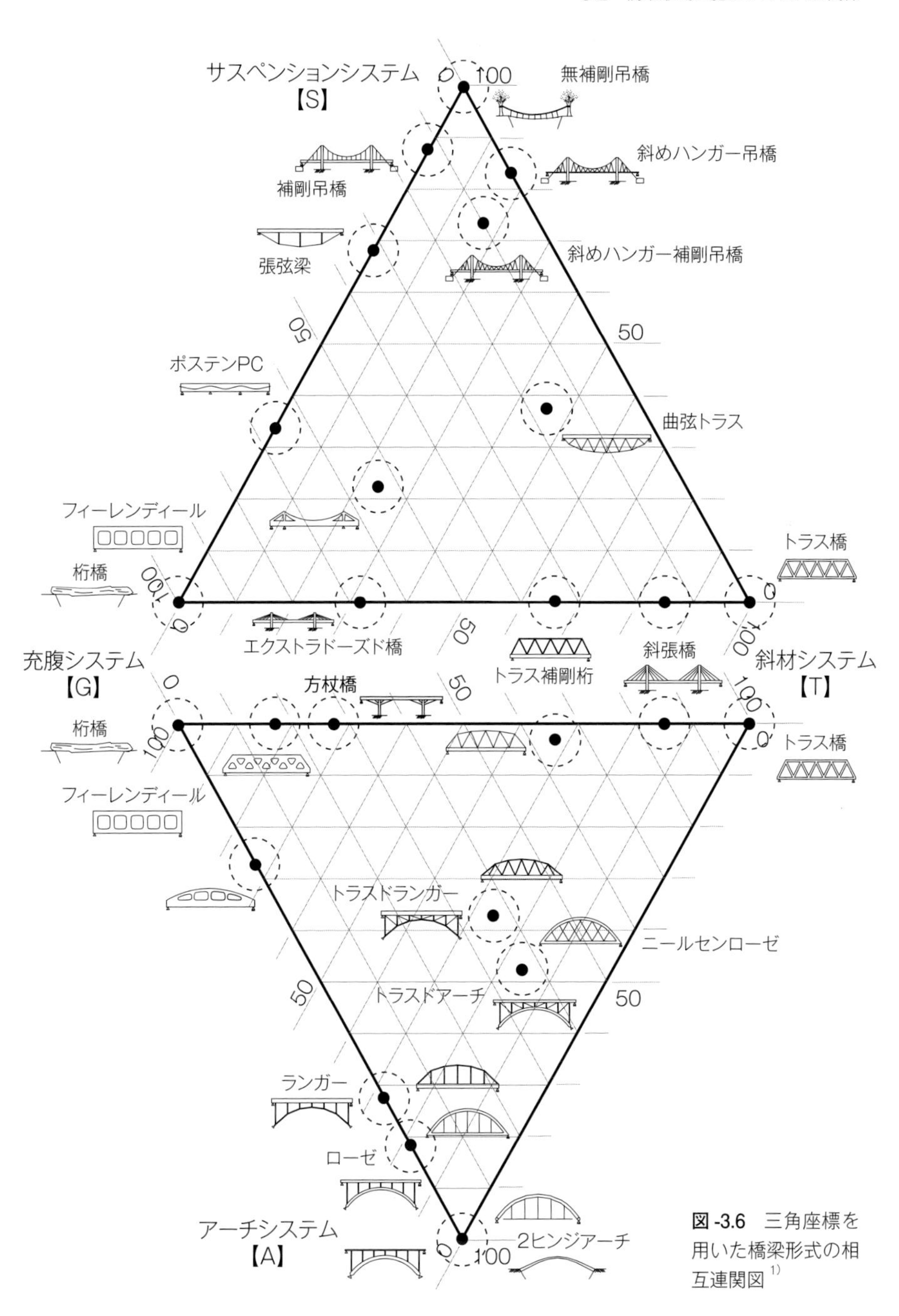

図-3.6　三角座標を用いた橋梁形式の相互連関図[1)]

3-3　つくり方から橋をデザインする

(1)　施工プロセスを考える

橋梁形式の相互連関性が理解できたところで，次はいよいよ施工プロセスの話に入っていきたい。施工プロセスは，実際に橋を建設するために詳細かつ具体的に計画された一連のシナリオに基づき遂行されるリアルなものづくりの過程である。どのような施工を行うかはコンサルタントによる設計段階から当然想定されてはいるが，その後，橋梁メーカーや建設会社に工事が発注された段階で，あらためて橋梁メーカーや建設会社によって実際に行う施工について詳細に検討される。施工では，設計図書に示された所定の機能や形状，品質をもった構造物を契約工期内に徹底した安全管理のもとにつくりあげることが求められる。施工プロセスを通じて行われることは工事そのものだけでなく，高品質な橋を確実に完成させるためのさまざまな技術検討も含まれる。例えば，橋の本体構造が施工時にどのような構造系や荷重状態を経ながら完成していくのか，その時々の応力やたわみの値はどのようなもので，施工時にどのような対策が必要になるのか，現地で１日に調達可能な生コンのボリュームはどの程度か，それらをふまえた最適な施工順序はどのようなものか……，などといった検討である。現場経験は技術者にとって非常に学びの多いものである。

しかし，本書の重要なテーマである「コンセプチュアルデザイン」と関連づけて考えるならば，施工をよりマクロな視点でとらえ，施工プロセスを全体最適の中に組み込んでいく必要がある。そのようなアプローチとして，本節では，施工の各段階を経るにしたがい橋の構造システムがどのように変化し完成状態に至るのかという観点で考えていくことにしよう。

(2)　構造システムで読み解く施工のプロセス

３－２では，橋梁形式の相互連関性を理解し，その簡易表現として，**図-3.5 (b)** を用いることを述べた。**図-3.5 (b)** を用いると，例えば，無補剛吊橋は**図-3.7 (a)** のように表現されるし，トラス橋は**図-3.7 (b)** のように表現される。また，桁とアーチリブの両方に曲げ剛性を与えるローゼアーチ橋は**図-3.7 (c)** のように表現される。なお，図中のマルの位置は，本書では定性的に示すのみとしている[3)]。

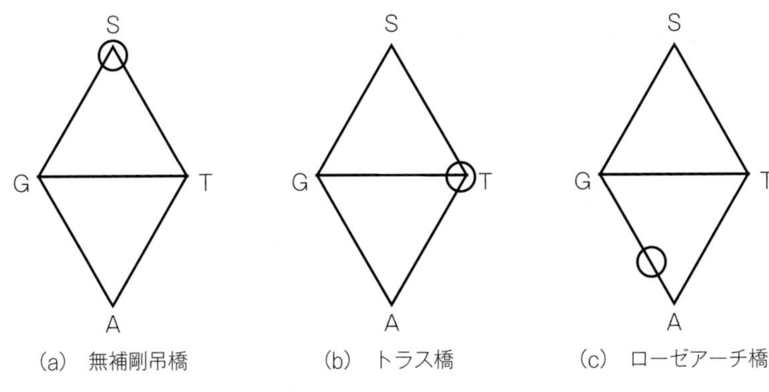

図 -3.7 橋梁形式の表現例

橋梁形式をこのように表現すると，各橋梁形式の相対的な位置づけがわかりやすくなるだけでなく，施工をマクロな次元で理解するうえでも役に立つ。一般に，構造物は一定以上の規模になると一度に施工することが難しくなってくるため，段階的に施工していくことが多くなる。なかでも橋は「水平方向にスパンをとばす構造物」であるため，施工プロセスを通して構造形式が段階的に変化するケースが多い。整地された敷地の上で比較的小さなスパンしかとばさない一般的な建築物の施工に比べ，中規模以上の橋の施工は，その点，ドラスティックに構造システムの変化を遂げる場合が多い。そのような橋の施工プロセスを上記の表現方法で段階的に表すと，施工時に構造形式がどのように変遷するかが体系的にわかりやすくなる。例えば，**写真 -3.1** の事例では，上路式のコンクリートランガー橋を架けるため両側から中央に向かってトラス形式で張り出し施工し，支間中央で閉合後，トラスの斜材を撤去して完成させる工法がとられている。このとき，構造形式は**図 -3.8** のように変化する。

ここで重要なことは，この事例のように，施工プロセスの途中で構造形式が大きく変容するケース（図中のマルの位置が大きく変化するケース）では，施工時に構造物が経験する断面力の状態もまた大きく変化するということである。そのようなケースでは，施工を開始する前に，施工の各段階での構造の状態を解析によって明らかにし，必要に応じて，橋の本体構造を補強するなどの対策を施すこととなる。この事例で考えると，トラス形式で張出し施工をしている状態では，トラスの上弦材として機能している桁部分（とくに支間両端部に近い桁部分）に

写真 -3.1　上路式コンクリートランガー橋の施工例（赤谷川橋梁）（写真提供：三井住友建設）

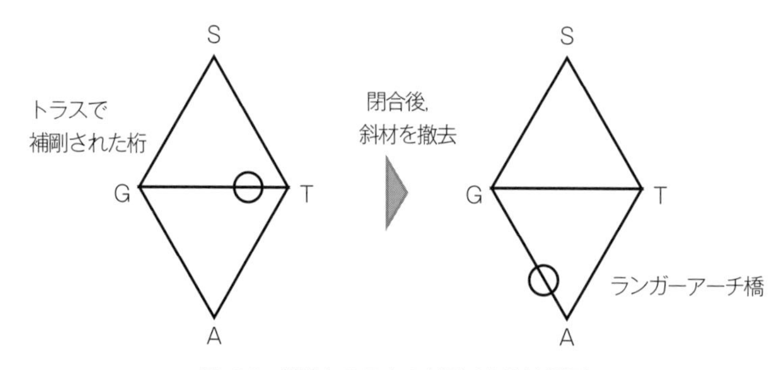

図 -3.8　構造システムの変遷（赤谷川橋梁）

大きな引張力が作用している。この橋は，桁はPC構造，アーチリブと鉛直材はRC構造として設計されているが，桁はトラス上弦材としての大きな引張力にも抵抗する必要があるため，導入すべきプレストレスは完成時のみならず架設時の構造系も含めて検討しなければならない。このように，橋の設計では現地固有の条件をよく読み解くとともに，検討中の設計案が施工の各段階でどのような構造システムを経て，どのような断面力が働き，それにどのように対処するのか，さらには，工期や工費はどの程度か，周辺環境に及ぼす影響はどうかなど，多面的な検討を行ったうえで，最も合理的な案を選んでいく必要がある。

それではこれから，具体的な橋の施工方法について，代表的なものを構造システムの変遷という観点で読み解いていこう。本章で紹介する工法以外にもさまざまな工法が存在するが，どのような工法であってもそのプロセスを構造システムの変遷として読み解くことができる。

■下から支持する工法

一般に，橋の施工は，施工中の橋を仮設構造物で下から支えながら行うのが最も容易である。下から支持する工法は，安全管理や精度管理がしやすいうえに，仮設構造物や仮設備が比較的少なくて済むことから，工費や工期の面でも有利となる。そのため標準的な工法としてよく用いられる。ただし，桁下に仮設構造物を設置するスペースが確保できること，トラッククレーンやコンクリートポンプ車が接近可能であること，などの条件を満たす必要がある。

下から支持する工法では，橋本体は多点で支持されるため，仮設構造物が撤去されるまで，本体構造にはあまり大きな断面力は生じず，無応力に近い状態で施工され，桁橋のみならず，さまざまな形式に適用可能である。代表的な工法に，ベント工法や固定支保工工法がある。

ベントとは，鋼桁等の架設時に本体構造を下から支持する鋼製支柱のことであり，通常は桁ブロックの継手位置付近に設置される。ベントを所定の位置に設置した後，桁ブロックをトラッククレーンで吊り上げてベント上に架設する。架設されたブロック同士の接合には，高力ボルトや現場溶接が用いられる。

ベント工法を構造システムの変遷という観点で見ると，橋の本体がベント上に置かれている間は多支点で支えられた桁構造であるが，すべてのブロックの架設後，ベントを撤去すると全体の構造システムは最終的な完成系の構造システムへと移行する。**写真-3.2** と **図-3.9** は桁橋の例であるが，ベント工法自体は，ラーメン橋，トラス橋，下路アーチ橋などさまざまな形式に用いられる。

固定支保工とは，現場打ちでコンリクート橋を施工する際，型枠を下から支持する仮設構造物のことをいう。橋の本体構造を下から多点支持するという点では，構造システムの考え方はベント工法と同じであるが，現場でのコンクリート打設を前提とするため，工場で製作されたブロックをトラッククレーンで順次架設するベント工法とはその点で異なっている。

写真-3.2　ベント工法（福井橋りょう）（写真提供：鉄道・運輸機構，宮地エンジニアリング）

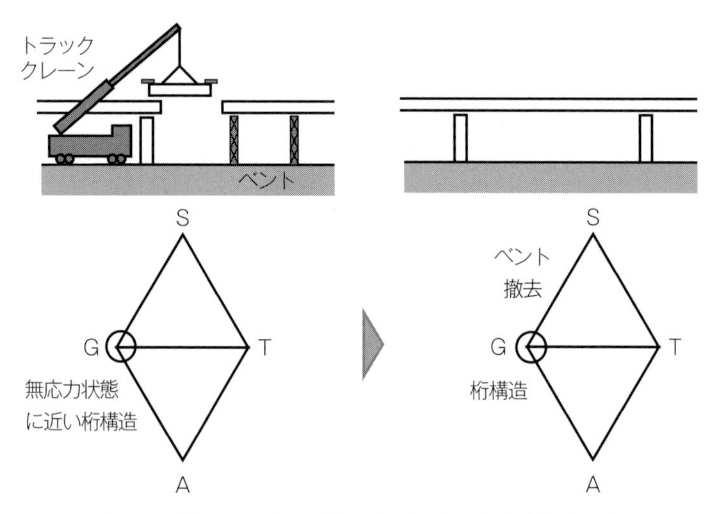

図-3.9　構造システムの変遷（ベント工法：鋼連続桁橋の例）

■片持ちで張出す工法

深い谷間や湖沼，河川流水部，都市内で桁下空間に制限のある場所，生態系や文化財保護の観点より桁下を乱さずに施工することが求められる場所など，桁下にベントや固定支保工を設置することが困難なケースでは，支点部から片持ちで張出す工法が考えられる。3－2(6) でも述べたように，張り出し（キャンチレバー）が可能なのはビームシステムのみであるため，片持ちで張出す工法は，完成後の形式がどうであれ，施工時には必ずビームシステム，つまり，充腹システムか斜材システムのいずれかの状態を経る。

桁橋やトラス橋の張出し施工は，鋼橋，コンクリート橋のいずれにも適用される。コンクリート橋の場合，比較的長支間のPC桁橋に用いられることが多い。通常，橋脚の柱頭部から両側にバランスをとりながら張出し施工されるが，現場打ちの場合，張出し先端部に移動型枠が設置され，順次コンクリート打設を行い，プレストレスで一体化させながら進んでいく（**写真-3.3**，**図-3.10**）。プレキャストの場合，プレキャストセグメントを張出し先端部に配置しプレストレスで一体化する。

写真-3.3　張出し工法（現場打ちPC桁橋）（写真提供：プレストレスト・コンクリート建設協会）

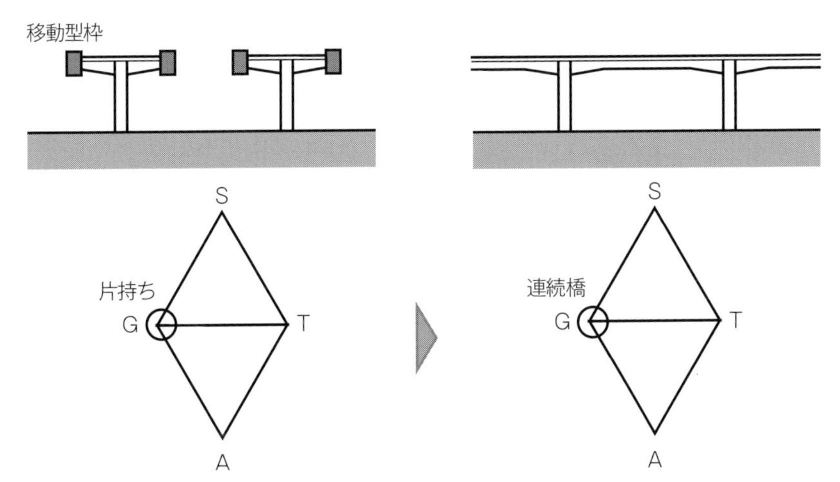

図-3.10　構造システムの変遷（張出し工法：現場打ちPC桁橋）

トラスは軽量かつ剛性の高い構造のため張出し施工に向いている。トラス橋を架ける場合はもちろん，異なる形式でも施工の過程で一時的にトラス形式を経ながら張出し工法で架けられる場合も多い。本来トラスでない橋をトラスの張出し工法で架ける場合，架設完了後は施工時に用いたトラスの斜材は撤去されるのが一般的である（**図 -3.11**）。設計の考え方によっては斜材が残置される場合もある。なお，アーチ橋のアーチリブはもともと圧縮部材として設計されているため，アーチリブに圧縮力が働く上路アーチ橋の張出し施工では，アーチリブへの補強を最小限で済ませることができる。

斜張橋やエクストラドーズド橋では斜材ケーブルを利用した張出し工法がよく用いられる。とくに斜張橋は，構造システムと施工プロセスの一体性が強いため，施工時の本体補強が少なく仮設備も少なくて済む。**写真 -3.4** と **図 -3.12** は，主塔から「やじろべえ」のようにバランスをとりながら斜張橋を架設している事例である。その他，鋼アーチ橋を施工する際にしばしば用いられるケーブルエレクション斜吊り工法や，コンクリートアーチ橋を施工する際に用いられるピロン工法なども張出し工法の例である。

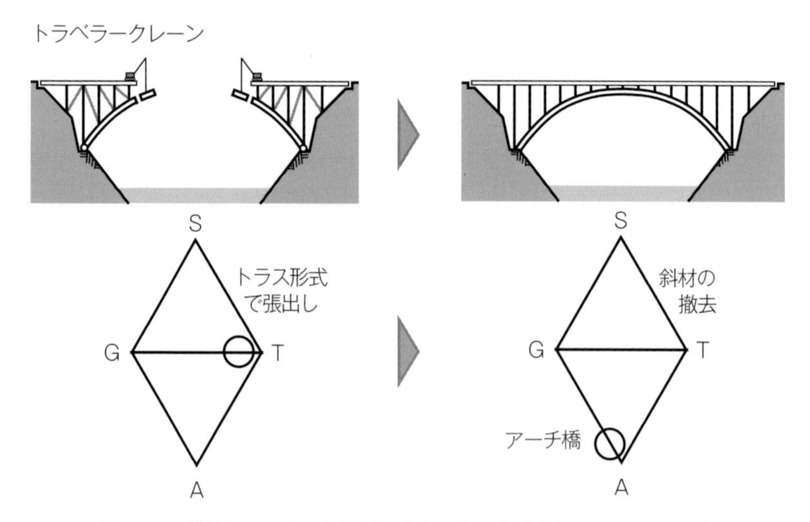

図 -3.11　構造システムの変遷（張出し工法：上路式鋼ローゼアーチ橋）

写真 -3.4　張出し工法（鋼斜張橋（気仙沼湾横断橋））（写真提供：JFE エンジニアリング・IHI インフラシステム・日本ファブテック JV）

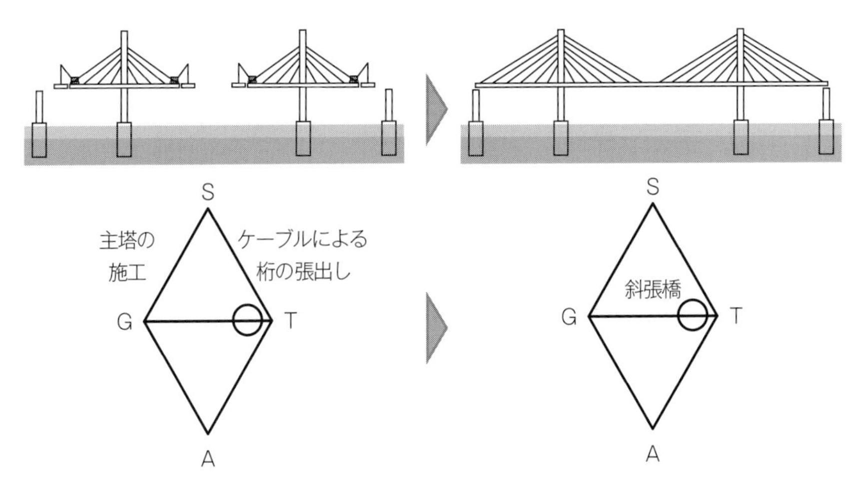

図 -3.12　構造システムの変遷（張出し工法：鋼斜張橋）

■上から吊下げる工法

前述の片持ちで張出す工法は，張出した構造自体が，大きな曲げモーメントに抵抗したり，トラスとしての軸力に抵抗しなければならないなどの特徴があった。しかし，構造上，そのような大きな力に抵抗できない場合，上から鉛直に吊下げて施工する方法が考えられる。鉛直に吊下げることのメリットは，下から支持するのと同様，鉛直多点支持の状態とすることができるため，構造本体を無応力に近い状態で施工できることにある。

ケーブルエレクション直吊り工法は，たわみやすいが比較的容易に長支間をとばすことのできるサスペンションシステムを用いて軽量な鋼ブロックを架設する工法である。本体構造をほぼ無応力で支持できるためさまざまな形式に適用できるが，架設時のたわみが大きいため入念な形状管理が求められる。個々のブロックを吊下げるサスペンションシステムとは別に，架設するブロックを所定の位置に運搬するためのケーブルクレーン設備が必要となるなど，他の工法より仮設備が多くなるため，工期や工費が多く必要となる傾向がある（**写真-3.5**，**図-3.13**）。

一方，たわみにくい（剛性の高い）架設桁（ビームシステム）よりコンクリー

写真-3.5 ケーブルエレクション直吊り工法（逢隅橋）（写真提供：日本橋梁建設協会）

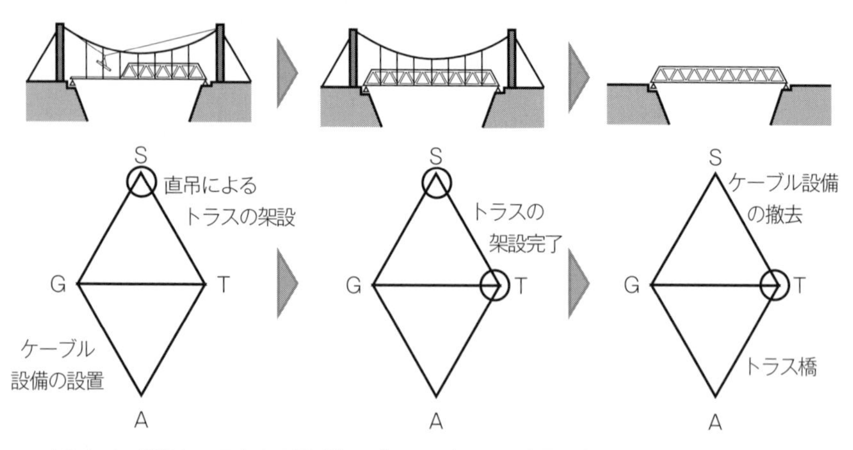

図-3.13 構造システムの変遷（ケーブルエレクション直吊工法によるトラス橋の施工）

トのプレキャストセグメントを吊下げて架設する工法にスパンバイスパン工法がある。なお，アーチ状の仮設構造物から吊下げる工法がないのは，仮設構造物としてわざわざアーチを構築する合理性が低いためである。

■スライドさせる工法

次に，本来の架設地点のそばに構築した構造体を所定の位置まで水平にスライドさせる工法について見てみよう。スライドさせる方向には橋軸と橋軸直角の2種類あり，橋軸方向にスライドさせる工法には，送出し工法，押出し工法，架設桁架設工法などがあり，橋軸直角方向にスライドさせる工法には，横取り工法などがある。ここでは橋軸方向にスライドさせる工法について見てみよう。

橋軸方向に橋の構造体をスライドさせるためには，まずスライドさせる手前側に十分な広さのヤードが確保されている必要がある。ヤードにて，スライドさせる桁などをあらかじめ構築し，その後，本来の架設場所へとスライドさせる。鋼橋では「送出し工法」，コンクリート橋では「押出し工法」というが，いずれも構造体の先端に「手延べ機」（または手延べ桁）と呼ばれる鋼製の桁やトラスの部材を取りつけ，ジャッキの力で全体を順次スライドさせながら架設する（**写真-3.6**，**図-3.14**）。片持ちの状態を経験するため，手延べ機はできるだけ軽量で剛性の高いトラス構造が望ましいが，送出す（押出す）長さや構造体のサイズなどから，I桁形式の手延べ機あるいはそれらのハイブリッド形式が採用される場合もある。手延べ機の先端が最終到着地点に到着すれば，到着した部分から順次

写真-3.6　送り出しによる単弦ローゼ橋の架設（朝明川橋）（写真提供：IHIインフラシステム）

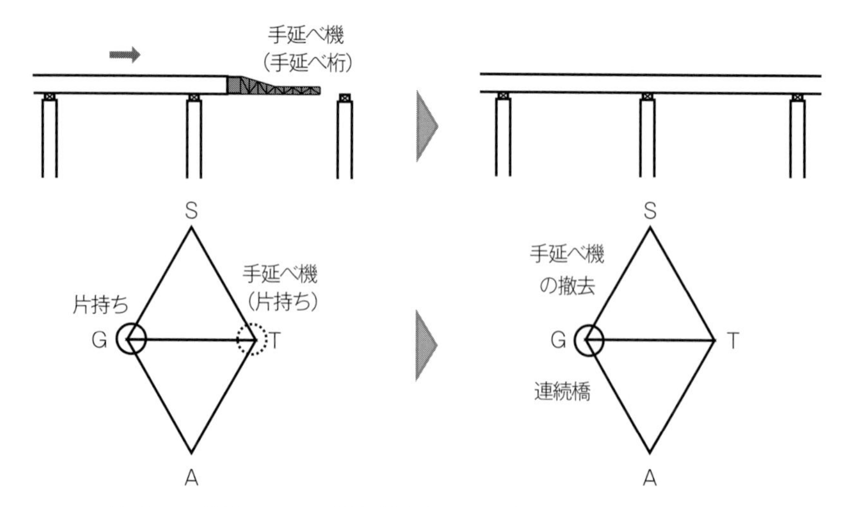

図-3.14 構造システムの変遷（送り出し工法（手延べ機がトラスの場合））

手延べ機は解体撤去される。多くの場合，桁橋やトラス橋の架設に用いられるが，下路アーチ橋や斜張橋などの架設に用いられる場合もある。ただし，どのような形式を送出す（押出す）場合も，施工時にはビームシステムとなっている。

送出し/押出し工法のメリットは，桁下に谷間や河川などがありベントや支保工の設置が困難である場合や，道路や鉄道などと交差する場合で桁下余裕が少ない場合などにも適用可能なことである。鋼橋では支間長が100mに達するような場合にも送出し工法が適用されることがある。

一方，架設桁架設工法は，コンクリートのプレキャストPC桁を架設する際に多く用いられる工法である。あらかじめ鋼製の「架設桁」をスパン上に架設しておき，ヤードに準備したPC桁を，架設桁に沿って所定の位置までスライドさせる。桁は現場のヤードで製作されたポストテンションのPC桁が一般的である。最初に架設桁を架設する必要があるが，桁下への影響は一般に少なく，河川や道路，鉄道上に架設する場合や，地形的に桁下の利用が困難な場合などに多く用いられる。

■回転させる工法

現地に構築した橋の本体構造をある軸まわりに回転させることで橋を完成させ

る工法である。ここでは，ジャッキアップ回転工法，ロアリング工法，水平回転工法の3つの工法について見ていこう。いずれの工法も，回転の途中で一時的にキャンチレバーの状態となるためビームシステムを経ることになるが，それぞれユニークな工法である。

急峻な谷間に高橋脚の高架橋を施工する場合，ベント工法ではベントやクレーンが大規模となり不合理なため，一般に送出し工法やケーブルエレクション直吊工法などが検討される。しかし，橋の前後にすぐトンネル区間があるなど十分なヤードが確保できない場合には別の工法を考えなければならない。

ジャッキアップ回転工法[5)]は，橋脚下端部に設けたジャッキアップ装置で鋼桁を鉛直方向にジャッキアップして組立てた後，ウインチで引張りながら鉛直面内に90度回転させて桁を架設する工法である。回転中は桁がキャンチレバーの状態であると同時にウインチで引張っている部分はウインチのケーブルが斜材システムの一部を形成する。**写真-3.7**，**図-3.15**の事例は，桁の回転後，鋼桁とコンクリート橋脚を剛結し，鋼・コンクリート複合ラーメン橋として完成されている。

同様に谷地形の場合であっても，上路式コンクリートアーチ橋では小規模であれば固定支保工を用いて施工できるが，大規模になると固定支保工の設置が困難となる場合が多い。そのような場合はトラスの張出し工法やピロンを用いた斜吊り工法が検討されることになる。しかし，これらの工法はアーチが閉合するまでトラスや斜吊りといったアーチとは異なる形式（ビームシステム）を経るため仮

写真-3.7　ジャッキアップ回転工法（宿茂高架橋）（写真提供：巴コーポレーション）

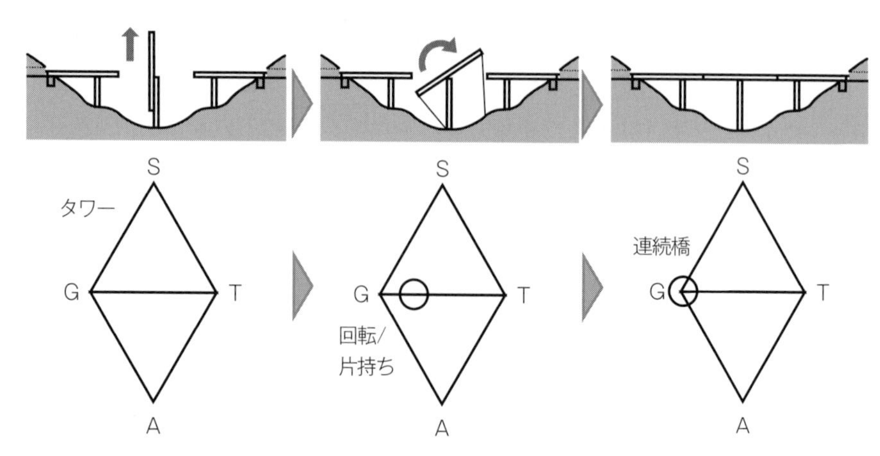

図 -3.15　構造システムの変遷（ジャッキアップ回転工法）

設備を多く必要とし，アーチリブ本体にも補強が必要となる場合もあるなど構造的に必ずしも合理的な工法とはいえない。そのような中，ロアリング工法はアーチの両支点（スプリンギング）にアーチリブを半分ずつ鉛直に立てて施工し，その後，支点を軸にアーチリブを倒すことで閉合する工法である。その際，アーチリブの先端（閉合後に中央となる部分）をケーブルで後方に引張りながら慎重に

写真 -3.8　ロアリング工法（矢熊大橋）（写真提供：三井住友建設）

倒していくが，このときアーチリブをある程度倒した段階から，アーチリブ内の応力は，アーチの閉合前にもかかわらず，閉合後に近い圧縮応力状態となる。つまり，大規模なアーチ橋であっても，アーチリブを本来の応力状態に近い状態で施工することができるようになり，アーチリブへの補強や全体の仮設備を最小限とすることができるという合理性をもつ。なお，**写真 -3.8** は，鋼製のメラン材をロアリング架設している事例である。**図 -3.16** に，一般的なロアリング工法の施工プロセスにおける構造システムの変遷を示す。

水平回転工法は，中央径間が河川や道路と交差するなどベントや固定支保工の

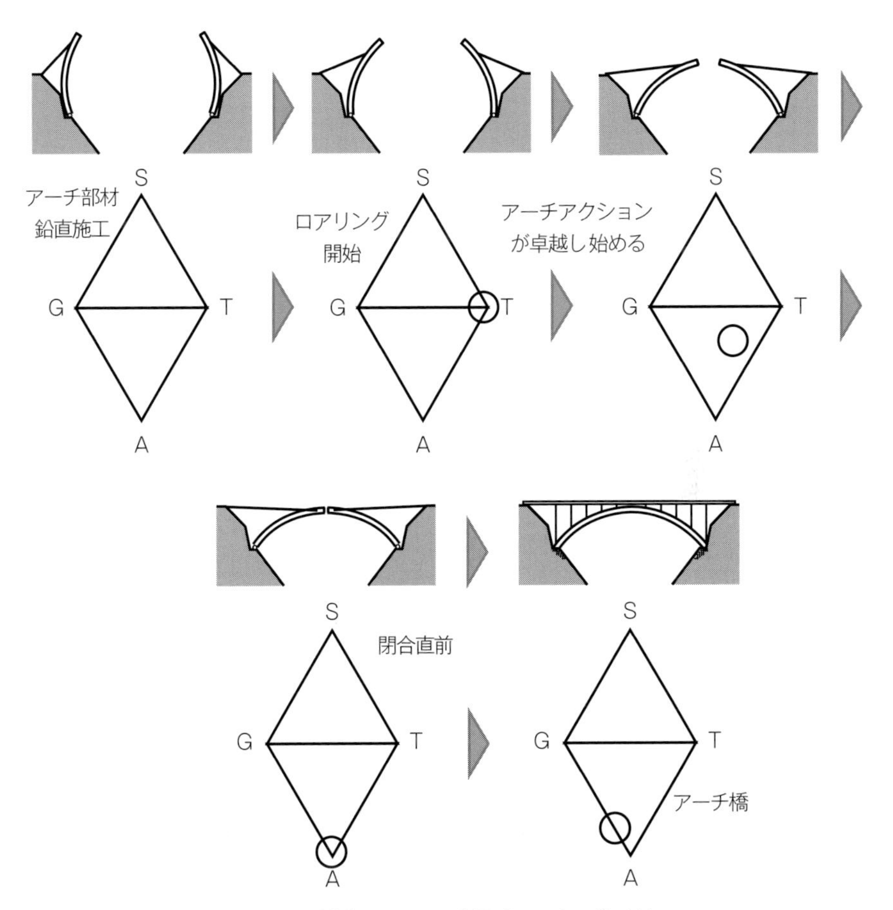

図 -3.16　構造システムの変遷（ロアリング工法）

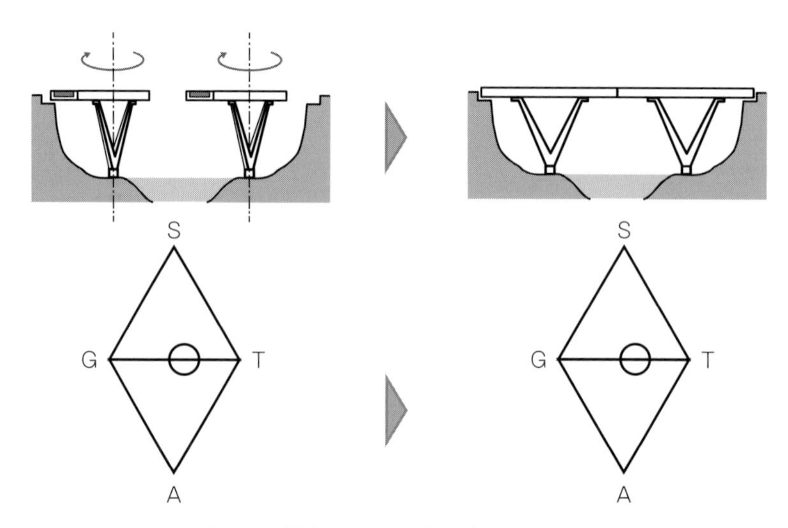

図-3.17　構造システムの変遷（水平回転工法）

設置が困難である一方，側径間が陸上にあるような場合で，かつ回転に適した支間割りで橋を計画できる場合に，回転軸となる中間支点部から交差物件と平行に構造を張出し施工し，最後に支点軸まわりに水平に回転させることによって橋を完成させる工法である。**図-3.17**は，イギリスのダラムにあるキングスゲート橋（Kingsgate Footbridge）の事例である。河川内に足場や支保工を設けず，川の両岸に河川と平行に半分ずつ橋を施工し，その後，回転させて橋を完成させている。構造技術者として多くの優れた構造物を手がけた設計者のオーヴ・アラップ（Ove Arup）は，この橋を自らの最高傑作と評している（章扉図面）。

■一括架設工法

橋を大ブロック一括で架設する工法である。大ブロックをフローティングクレーン（FC）で吊り上げて架設するものや，台船を使用して潮の干満差で架設するもの，大ブロックの両端を吊上げ装置で吊上げて架設するものなどがある。陸上での一括架設としては，自走式の大型クレーンを用いるものや，多軸式特殊台車によるものなどがある。一括架設工法は，大ブロックでの海上輸送が可能な現場や，陸上の場合は，近くに地組可能なヤードが確保でき，かつ短時間での架設が求められる現場などで採用されることが多い。

構造システムの観点からは，架設するブロックのどの位置を吊点や支持点とするかで，架設時と完成時の構造システムが変わる場合がある。**写真-3.9**，**図-3.18** は，ニールセンローゼ橋の一括架設の事例である。アーチの両端ではなく，中間部分を吊点としているため，架設時にはV字の補強材が入れられている。

写真-3.9　フローティングクレーン（FC）による大ブロック一括架設（第二音戸大橋）（写真提供：IHI インフラシステム）

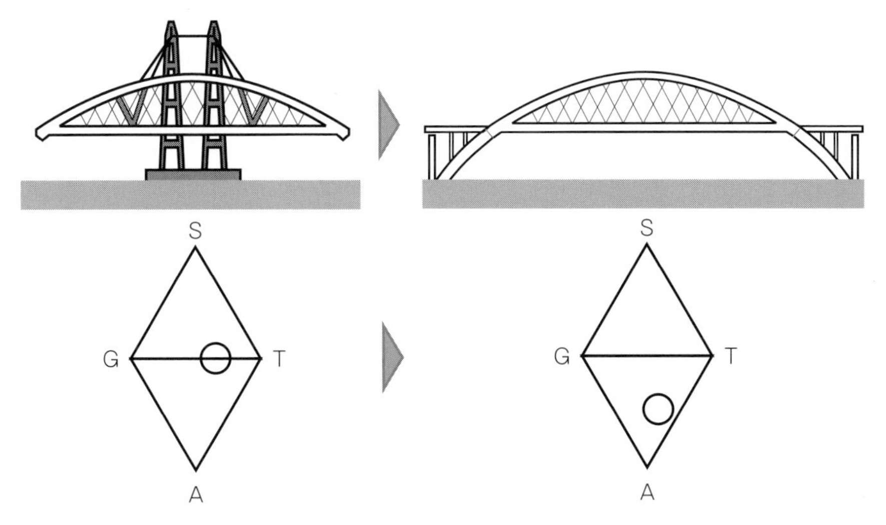

図-3.18　構造システムの変遷（FC によるニールセンローゼ橋の一括架設）

3-4　橋の持続的デザイン

(1)　完成後の補修・補強，改築・改良により変遷する構造システム

橋はその土地に100年以上もの長きにわたり引き継がれていく重要なインフラ構造物である。100年間使い続けられることを前提に橋を設計するということは，最初の100年間は当初の構造システムのまま使い続けることを想定するということでもあるが，日頃から適切な維持管理をしていけば，その寿命をさらに延ばすこともできるだろう。一方，経年で耐力が低下してしまった場合の大掛かりな補強や，設計基準の改訂により既存不適格となった場合の対応，歩道拡幅など社会的ニーズへの対応など，橋は完成後も必要に応じて手を加えられていく。これまでに補修・補強，改築・改良が行われてきた橋も経年により生じた種々の問題に対して適切な対応をとったことで新たに寿命を延ばしている橋も少なくない。このような場合にも，構造システムの工夫で合理的な解決策を見い出すことが可能な場合がある。

地域の大切なインフラアセットをさまざまな工夫とともにいかに長く使うか，それはいわば，持続的に橋をデザインすることでもある。以下に，そのような事例についても紹介しておきたい。

■合理的な架け替えを選んだヴェルトアッハタール橋（Wertachtalbrücke）[6),7)]

この橋は，ドイツ南部のアルゴイにある連邦道路B 309の高架橋である。1960年に全長293 mの5径間連続鋼2主I桁橋として，鉄道，道路，河川を跨いで建設された。しかし，完成後50年を経過して老朽化が著しく，何らかの対策が必要となった。検討の結果，環境保全や経済性の観点から上部構造だけを架け替えることとなった。架け替えの際には歩行者と自転車の幅員を拡幅するとともに，地盤への負荷をできるだけ抑えるため鋼2主箱桁橋が選定された。

架け替えの工法として考案されたのが旧橋と新橋を連結して同時に送り出すという画期的な工法である。旧橋が手延べ機の役割を果たすため新橋の発生応力を軽減することができるとともに，桁下の環境への影響を最小限にとどめることができる。結果として，工期短縮と工費削減も達成された。旧橋と新橋の連結のため，旧橋の橋台を沓座面まで掘り下げ，背後に連続する送り出しヤードも同様に

掘り下げることで確保された（**写真 -3.10，3.11，図 -3.19**）。環境，景観，施工，安全，費用のいずれの面も満足する工法が採用された優れた事例といえる。

構造形式の変遷という観点で見ると，この橋は，架け替えの前後で桁断面は異なるが，全体の構造システムは充腹システムという意味で同じである。順次送り出すための支点補強は必要だが，旧橋が手延べ機の役割を果たしているため，新橋への負担は最小限のものとなっている（**図 -3.20**）。

写真 -3.10　旧橋と新橋の同時送り出し（手前側が新橋，奥側に旧橋が見える）
（写真提供：Gerhard Pahl/Dr. Schütz Ingenieure）

写真 -3.11　現在のヴェルトアッハタール橋（写真提供：Dr. Schütz Ingenieure）

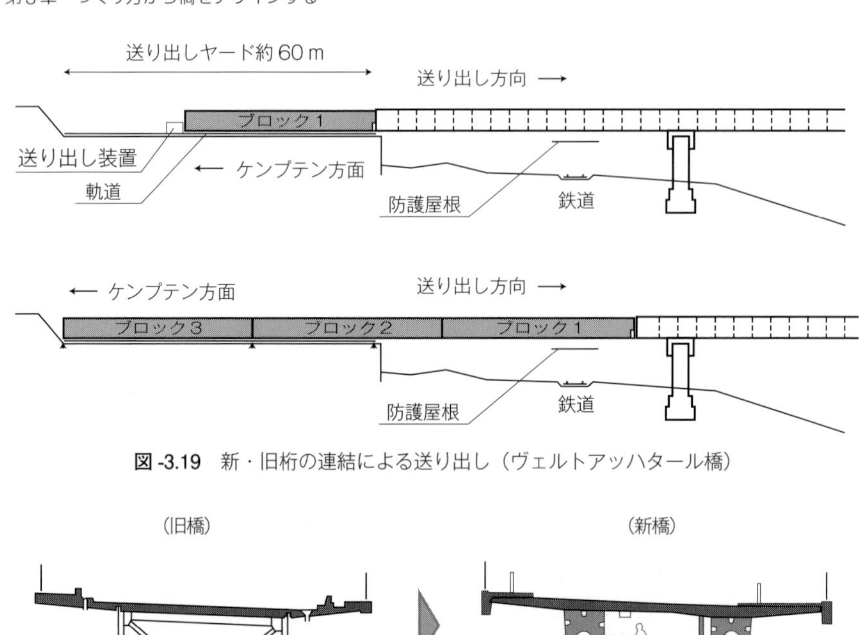

図-3.19　新・旧桁の連結による送り出し（ヴェルトアッハタール橋）

図-3.20　構造システムの変遷（ヴェルトアッハタール橋）

■構造上の弱点を克服し姿を変えた矢井原橋[8)]

この橋は，兵庫県養父市を通る国道9号の橋梁である。1966年の建設時は，中央ヒンジを有する3径間連続PC箱桁橋として施工された（**図-3.21**）。この橋の形式は「ドゥルックバンド橋」と呼ばれるものであり，電子計算機が十分発達していない時代に設計計算の容易さなどから数多く採用された。中央ヒンジを設けて不静定次数を下げるとともに，短い側径間の桁端部に生じる負反力をPC鋼

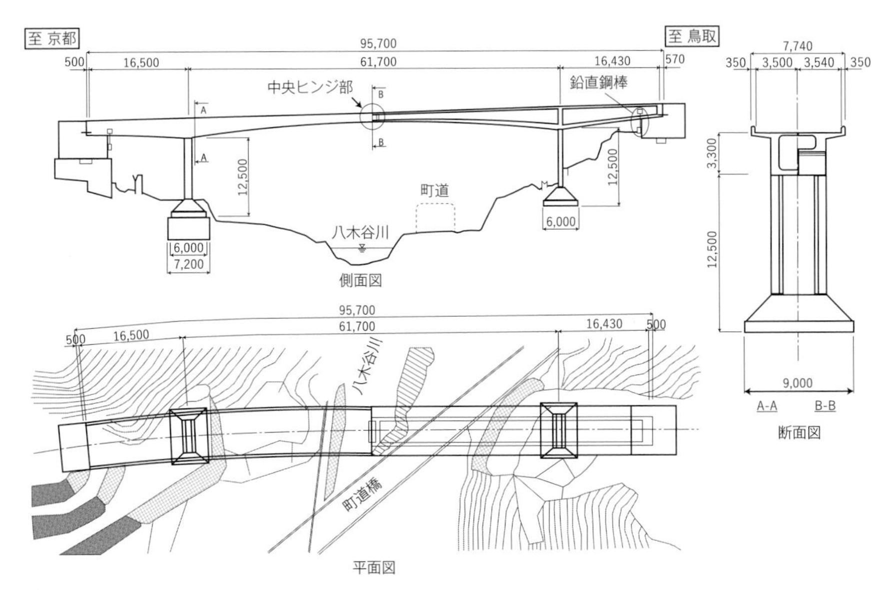

図-3.21　矢井原橋（補強前のドゥルックバンド形式）

材で橋台に鉛直方向に固定して浮き上がりを防ぎつつ，かつ，橋軸方向にもPC鋼材で固定して地震等の水平力を橋台で受けもたせるようにしている。それにより，中間橋脚と桁との接合部をラーメン構造ではなくピン構造とみなして設計できるようになり，その結果，さらに不静定次数を下げて1次不静定構造として手計算でも設計できるように工夫されている。施工面でも，側径間を短くすることで渓谷や急斜面における支保工や橋脚の施工を最小限とし，中央径間は側径間からの張り出しで施工できるようにすることで，全体の施工性を高めている。

しかし，長期間の使用によって，同形式の橋のヒンジ部に腐食や機能不全，損傷等が発生したり，主桁コンクリートのクリープによる路面折れが発生したりするなどの問題が報告されるようになり，それらへの対策が必要となっていた。竣工後40年が経過していた矢井原橋ではヒンジ部の段差や路面折れは比較的小さかったものの，ヒンジ部の摩耗損傷により自動車走行時に衝撃音が発生していたことや，道路橋示方書の改訂によるB活荷重への対応，大規模地震に対する補修・補強の必要性なども生じていた。さらに，桁端部の負反力対策も強化する必要があった。そこで，それらの課題をまとめて解決可能な方法として，RCのアーチリブを追加する補強が行われた（**図-3.22**，**写真-3.12**）。

アーチリブの施工は，固定支保工（町道と河川の上は梁式支保工）により行われた。したがって，すべて桁下作業のみとなり，橋の現交通や桁下の町道・河川にも影響を与えることなく施工された。

構造形式の変遷という観点で見ると，この橋はアーチリブによる補強によって，PC桁橋からコンクリートアーチ橋へと大きく変容している。実はこのアーチリブは，中央のクラウン部でのみ桁を支えているため，構造的にはアーチ形状である必要はなく，頬杖のような直線形状（つまり，斜材システム）でも機能的には同じである。しかし，アーチ形状とすることにより，景観性の向上に大きく寄与

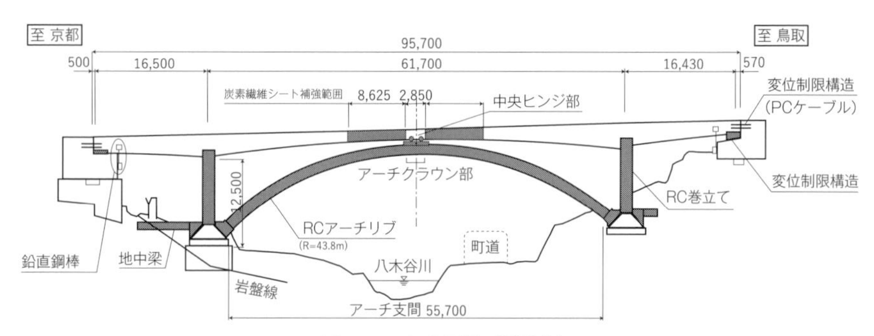

図-3.22　矢井原橋（補強後）

写真-3.12　補強後の矢井原橋 全景（写真提供：三井住友建設）

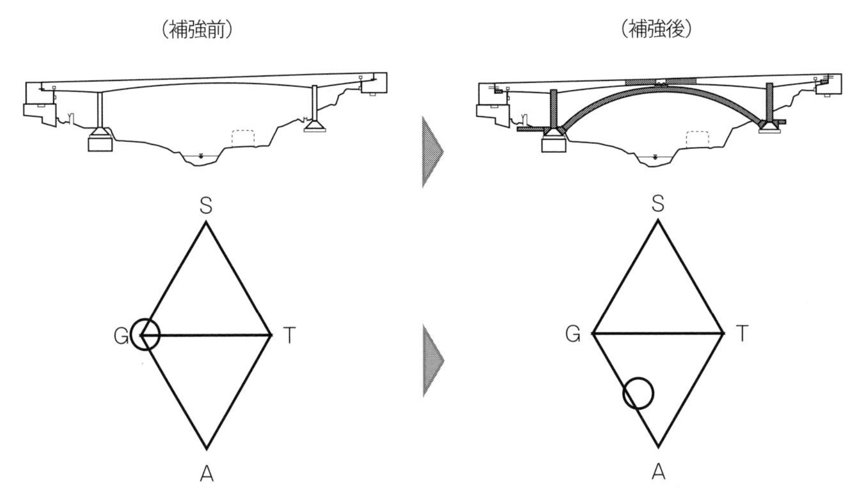

図 -3.23　構造システムの変遷（矢井原橋）

している。このように，構造と景観の両面に対してエレガントな解決策が図られた優れた事例といえる（**図 -3.23**）。

（2）引き継がれゆくインフラのものがたり

本章では，橋梁形式とは何かということを，力学的な原理に立ち返り，それらの相互連関性を理解したうえで，施工プロセスを橋梁形式（構造システム）の変遷としてとらえる視点を得た。橋を完成状態のみでとらえるのではなく，それをどうつくるのか（つくられたのか），完成に至るプロセスもあわせて考えることが重要である。

橋のように技術と造形の一体不可分性が高いものをデザインするためには，「技術か造形か」ではなく,「技術も造形も」同時に考えなければならない。それは「技術＋造形」ではなく,「技術×造形」の思考である。単純に足し合わせたものは切り離すことも容易である。そういう部分があってもよいが，本章の冒頭でも述べたように,「水平方向にスパンをとばす構造物」である橋のデザインの中核には，技術と造形の一体不可分性が宿命的に存在する。もちろん，そのような「技術×造形」の思考は，橋梁形式についてのみならず，橋を構成するさまざまな要素に及ぶ重要なテーマである。橋のデザインに必要な「現場固有の条件をさまざまな角度から深く読み解いてかたちにすること」には,「技術×造形」の思考と「多面的アプローチ」がともに必要であり，それはとても知的で創造的な仕事である。

また，橋は完成後も適切に維持管理されなければならない。経年により，補修・補強，改築・改良の必要が生じることもある。将来の姿を完全に予測することは困難だが，できる限りのことを考え，対応を事前に図りつつも，ある程度は後の技術者の創意工夫に委ねていくことになる。後の技術者がそのバトンを受け取って，彼らなりの解決策を考えてくれるだろう。現代に生きる私たちもまた，前世代からのバトンを受け取っている。

橋のライフタイムで生じ得る種々の問題に対する解決策のヒントは「歴史を知ること」にある。これは「大局的な技術史の流れ」と併せた「それぞれの橋の物語」を知ることであるともいい換えられる。技術的進歩や設計基準の変遷などの大きな流れを理解するとともに，個々の構造物に秘められた歴史（物語）を知ることも技術的な観点からとても重要であり，それぞれの橋の物語を明らかにしたうえで，そこに次の一頁を新たにつけ加えていくことが，これからの技術者の大切な仕事になっていく。つまり，技術や理論を使いこなすことが，単に機械的なパターンにあてはめた計算だけで終わる作業になるのではなく，個々の橋の歴史を知ることと切り離せなくなるのである。

人々が暮らす環境に一定水準のインフラが整備されたとしても，人々の営みが永続する限り，この複雑な地形をもった国土に橋の需要がなくなることはない。新設橋よりもむしろ高度な知識や知恵を求められる架け替えの需要もなくならない。そして当然，既設橋の維持管理や補修・補強，改築・改良への需要は，より一層，増えていくことになる。今後は，橋のライフサイクルのあらゆるフェーズの仕事が常に存在する状態が続いていくことになる。橋の技術者に求められる能力も，さらに幅広く奥深くなっていくだろう。100年を超える時間に耐え抜く名橋をデザインできる新しい技術者（デザイナー）の活躍が期待されるところである。

◎参考文献

1）久保田善明：橋梁構造形態の体系化に関する研究，京都大学大学院工学研究科博士論文，2008
2）久保田善明：橋のディテール図鑑，鹿島出版会，2010
3）久保田善明：橋梁形式の構造形態操作に関する基礎的研究，土木学会論文集D，Vol.65，No.1，pp.64-76，2009
4）水野裕介，久保田善明，山口敬太，川﨑雅史：橋梁形態の変遷からみた施工プロセスの体系化に関する基礎的研究，景観・デザイン研究論文集，Vol.13，pp.115-124，2017
5）望月秀次，築山有二，成瀬隆弘 ほか：宿茂高架橋の計画・設計，橋梁と基礎（2000年4月号），建設図書，2000
6）増渕基：作り方から橋をデザインする－欧州アルプスの橋梁デザイン－，橋梁と基礎（2019年5月号），建設図書，2019
7）Gerhard Pahl, Stefan Wilfer, Denis Galisch：Innovativer Bauvorgang durch gleichzeitigen Verschub des neuen und des alten Überbaus（新旧の桁を同時に送り出すことによる革新的な建設プロセスの実現），BauPortal, 2015
8）若林常次，橋本孝夫，高龍：中央ヒンジを有するPCラーメン橋（矢井原橋）のアーチ部材による補強，橋梁と基礎（2009年7月号），建設図書，2009

第4章
未来を拓く設計を目指して

松井 幹雄

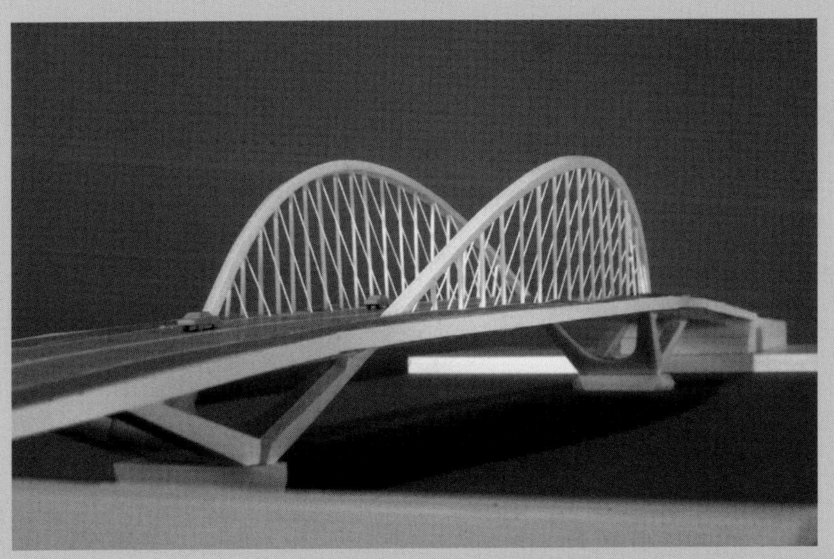

築地大橋検討時のプロトタイプ模型

4-1　より良き未来のために

橋は公共事業として事業化されることがほとんどで，その建設資金は国や地方公共団体が，税金を元手に事業者として用意する。資金の使途は議会等で検討され予算化される。その予算に則り設計業務が企画・発注され，建設コンサルタント等の民間会社が「設計の仕事」を受注する。そこから設計実務は始まる。

橋にかかわるルールや利害関係者は多く，合意形成は容易ではない。一方，大多数の人達が，より良き未来を引き寄せたいと考えている点は同じだろう。

そのより良き未来とは何か，そこで求められる橋とは何か，そこにかけるコストはいかほどが適正か，それを「探る」ことが，設計者の役割である。そして，「探る」ためには創造性が欠かせない。

と同時に，その設計成果に対して多数の関係者が納得する説明も不可欠である。創造すること，説明すること，それが設計実務に求められる難しさであり，同時に面白さであり，魅力である[1),2)]。

4-2　歴史から学ぶ－時代背景から創造のヒントを掴む－

20世紀を代表する橋梁設計者のひとり，フリッツ・レオンハルト博士は「データを与えられればすぐ一つの解答を示せる準備が必要」で「豊富な知識があって初めて既往の橋梁形式とは異なった新しい橋の創造が可能」と述べている[3)]。

限られた時間の中で創造性を発揮するためには，事前準備として知識を蓄積しておくことが必須ということだ。とくに重要な知識は歴史である。先人の経験を学ぶことで経験不足を補い，社会や技術の変遷の大きな流れをつかんで未来を見通す力を鍛えることに繋がるからである。

（1）文明の進化から考える

橋は昔から生活の幅，移動の自由度を拡げる道具として、谷や川を越えるその場所につくられてきた。故に、橋を作る材料は，架橋現場に運搬できる事が条件となる。その観点で木材は軽く，入手，加工が容易で，橋の起源は木橋に始まったといえよう（**写真-4.2**）。が，腐る，燃える，流される，ために長持ちしにくく，

写真 -4.1　フォース湾にかかる 3 世代の橋梁（英）（出典：istock.com/georgeclerk）
手前から 2017 年のクイーンズフェリー横断橋（道路橋）、1964 年のフォース道路橋、1890 年のフォース鉄道橋。それぞれの時代における社会ニーズと技術力の違いによって、3 橋 3 様の橋が架かる

欧州等では，石造アーチの登場により主役の座を譲っていく。そして，水道，道路，運河（舟運）等のインフラ構築に活用され，その文明を支えてきた（**写真 -4.3**）。

18 世紀には鉄の生産技術が飛躍し，石炭等エネルギー生成技術の進化も加速する。蒸気機関が発明されると，19 世紀には鉄道網が国中に張り巡らされ，商業資本の蓄積も進んで，石に代わって鉄の長大橋梁が架設され始めて，文明の進化は加速していった（**写真 -4.4**）。

写真 -4.2　人の移動 / 祖谷のかずら橋
現地発生材を用いた原始的な人道吊橋。現在は観光地として賑わい，数年ごとに架替えられている

写真 -4.3　水の移動 / セゴビア水道橋（スペイン）
ローマ時代の石造アーチ橋。離れた水源地と都市を結ぶ水道

写真-4.4　鉄道／フォース鉄道橋（英）
1890年完成，海を渡る鉄道橋で全長約3 km。継続的に維持管理して現在も現役

写真-4.5　道路／ゴールデンゲート橋（米）
（出典：istock.com/Spondylolithesis）
1937年完成，6車線の道路と歩道を有し，地域間をつなぐ要となっている

写真-4.6　人の移動／ミレニアム橋（英）
2000年完成，美術館と歴史的寺院を結ぶ遊歩道として架橋

20世紀に自動車が普及を始めると，道路は神経細胞のように世界中に張り巡らされ，橋という構造物の存在は膨大かつ身近なものとなった。(**写真-4.5**)

さて，21世紀はどんな時代になるのであろうか。歩く生活への回帰が拡がってきて，歩行者用の橋は何かと話題豊富で，橋のあり方にも影響を与え始めているようにも見えるが，どうだろうか？（**写真-4.6**）

このように歴史を振り返ると，技術の進化が文明の進化を促し，社会が変化していく事が理解できる。その影響を受けて橋の姿も変化してきた事が見えてくる。その認識を，さまざまな角度から考察すれば，未来を見通す感覚が鍛えられるだろう。歴史を学ぶ意義の一つはこれである。

(2) 設計者の系譜から考える

橋の設計者がその名前を歴史に刻み始めるのは産業革命時代からで，トーマス・テルフォード（1757－1834，英）[4)]がその代表格だ。彼は運河が大きな谷を跨ぐ位置に，当時一般的だった石造アーチを適用するのでなく，最新材料であった鋳鉄プレートを巧みに使って架橋（**写真-4.7**）する。また，世界最長の吊橋（**写真-4.8**）を建設するなど，多くの創造的仕事を成し遂げ，晩年はイギリス土木学会の初代会長を務めた。時代が求める産業基盤を，時代が生み出した新材料をいち早く用いて，自らの技術力と創意工夫で設計し，建設も請け負う技術者として社会に貢献した。

写真-4.7　ポンテカサステ水路橋（英）
1805年，運河が谷を越える位置に架橋。現在も観光運河として現役

写真-4.8　メナイ橋（英）
1826年，メナイ海峡を跨ぐ中央支間176mの吊橋として建設された

写真 -4.9　ガラビ鉄道橋（仏）（出典：Science Photo Library/ アフロ）
1884 年完成の鋼アーチ橋。写真のように斜吊索を用いた架設方法が利用された

写真 -4.10　サルギナトーベル橋（スイス）
1930 年完成の鉄筋コンクリートアーチ橋。力学に基づく洗練された造形を実現

19 世紀は多数の橋梁技術者が世界中で活躍し，歴史に名を残していく。エッフェル塔で名高いギュスターブ・エッフェル（1832－1923，仏）[5] も，その一人である。若くして頭角を著し，34 歳の時にエッフェル社を創業する。トラス組みのアーチリブを斜吊索を用いて張出す大胆な架設工法を適用したガラビ鉄道橋（**写真 -4.9**，第 5 章 p.141 参照）など，コスト合理性と工学的工夫に満ち，かつ美しい鉄橋を多数残す。

20 世紀に入ると，コンクリート材料の開発も盛んになる。ロベール・マイヤール（1872－1940，スイス）[6), 7] は実験と経験の裏付けのもと，独自の基準を用いた鉄筋コンクリートを厚さ 20 cm 程の板として用いて，斬新な姿の橋を次々に架けていく。辺鄙な山奥にかかるサルギナトーベル橋（**写真 -4.10**）が代表作で，そのモダンな美しさは橋梁技術者だけでなく，美しさの規範を追い求める建築関係者にも大きな影響を与えた。

ウジュヌ・フレシネー（1879－1962，仏）[8] も発明的素養を持った信念の技術者だ。当時として世界最大級の鉄筋コンクリートアーチ・プルガステル橋（第 6 章 p.174 参照）を画期的な施工方法で建設するなど，一流技術者の名声を得ていた 50 歳を過ぎて，志を持ってフレシネ-社を起業し，自身のアイデアであるプレストレストコンクリートを世界中に広めていった。（**写真 -4.11**）

戦争による停滞を経た 1950 年代から，世界各地でさまざまな新しい形式の橋が建設されるようになるとともに，造形面での洗練が進む。（**写真 -4.12**）。

写真 -4.11　初期の PC 橋（仏）
（出典：structurae.net/Jacques Mossot）
1949 年完成の初期のプレストレストコンクリート橋

写真 -4.12　フェーマルンズント橋（独）
（出典：istock.com/JWackenhut）
1963 年完成，バスケットハンドル型ニールセン橋の草分け

写真 -4.13　コッハタール橋（独）
1979 年完成，地上から高さ 180m を走るの高速道路の橋。洗練されたプロポーションが美しい

この時代を代表する橋梁設計者として，フリッツ・レオンハルト（1909－1999，独）[9] を挙げる。合理的な構造のもと洗練された姿の橋梁設計体系を構築した設計者であり，設計事務所を運営し，大学で教鞭を執った教育者でもあった。彼が生きた時代に，現在にまで引き継がれている基本的な橋梁設計技法が，ほぼ確立したといえるだろう。(**写真 -4.13**)

このように，設計者の経歴を辿ると，技術革新だけでなく，ひとりひとりの人間の個性が橋のかたちに影響を与えてきたことを知るだろう。

（3） 次世代に向けて

21世紀に入り20年が過ぎた。構造物を構成する鋼やコンクリートといった，すでに一般化した材料も，社会への影響力という面では目立たないが，製造方法，強度，使い勝手，等の面で今も進化を続けている。加えて，炭素繊維やアラミド等の比較的新しい材料を扱う技術も蓄積が進み，インフラ構造物への実装（**写真-4.14**）も進んできている。さらに，構造解析ツール，NC加工技術や3Dプリント技術の進化は，これまでなし得なかった「かたち」や異種材料の混合や複合の実現を支えるまでに進化してきている。(**写真-4.15，4.16**)。

橋梁建設に対する社会ニーズは，持続可能な地球環境への関心への高まりとともに変化し，例えば，木材活用の見直し（**写真-4.17**）など，さまざまな刺激を受けて，バリエーションは，設計者の創意工夫により今も増え続けている。一方，橋の老朽化に伴う不具合や事故，および維持管理コストの増大といった課題も急速に社会の関心事になってきている。

設計の際に考慮すべきことは増え続けている。一方，さまざまなステークホルダーからなる社会に対して，未来に希望を感じる橋を提案し実現すること，すなわち創造し，説明する設計者の役割は，過去も現在も，そして未来においても不変であろう。先達の試行錯誤の歴史に敬意を払い，われわれ世代もまた，まだ見ぬ未来に向けて常に挑み続けたいと思う。

写真-4.14　別埜谷橋（写真提供：三井住友建設）
2020年完成の高速道路橋。高耐久を実現すべく，腐食劣化の可能性を排除するため鉄筋およびPC鋼材を使用せず，アラミドFRPロッドを補強用緊張材として使用したバタフライウエブPC橋

写真 -4.15　パークブリッジ（ベルギー）
2017 年完成の歩道橋（設計：ローラン・ネイ[10]）。構造としてはアーチ橋のように見えるが，梁に生成するアーチアクションを造形に活用した鋼製箱桁橋（単純梁）という解釈もできる，構造原理を巧みに活用して美しい表情を生み出している創造性豊かな仕事である。

写真 -4.16　3D プリントで製作された鋼製歩道橋（オランダ）
（出典：PersianDutchNetwork-Own work, CC BY-SA 4.0　https://com-mons.wikimedia.org/w/index.php?curid=108142861）
3D プリント技術で製作された鋼製歩道橋で，2021 年，アムステルダムに架設された。不具合等が発生した際への対処も念頭に，随所にセンサーが埋め込まれて日常的にデータ取得するなど，未来志向の強い実験橋的な位置づけでもある

写真 -4.17　シュツットガルトの木橋（独）
（出典：Photos by Burkhard Wal-ther, Stuttgart, Germany, the im-age rights are held by Schaffitzel Holzindustrie GmbH + Co.KG, Schwäbisch Hall, Germany.）
2017 年完成の歩道橋。集成木材と鉄筋コンクリートの混合構造で，床版に炭素繊維補強コンクリートを用いて，主構造の木材を雨水から保護するなど，ヒントになる工夫が随所に見られる

4-3　場所の履歴から引き出す－富山大橋架け替えの事例－

（1）橋の概要

橋長466 m，最大支間61 mの8径間連続鋼箱桁橋である。富山県が管理する旧教（1936（昭和11）年竣工）の老朽化等に伴う架替事業である。市電の軌道を1条から2条へ，車は1車線から2車線へ，歩道も2 m × 2を4.5 m × 2へ，総幅員は16.5 mから31.3 mへ，倍増させている。県事業として，1999年に「富山大橋計画検討委員会」の設置とともに橋梁形式の検討（予備設計）が開始され，2012年に開通している[13), 14)]。

（2）場所の履歴

橋を設計する際，まず取りかかる作業は，橋が架かる「場所の履歴」[15)]の調査である。現地とその周辺をくまなく歩き，現場の空気感を体にしみこませる現地調査と，図書館などに出向いて郷土史等を読み込む文献調査から始める。工学上の設計条件である，地質，交差物件，地下埋設物，等の調査に並行して，現地に暮らす人がどんな思いや経緯を持ってそこに暮らしているのか，なぜ，その橋が建設されることになったか，まずは自ら調べることが大事だ。この時の準備作業は，後日，本当にそこに暮らす人々と，設計に関して対話する際に生きてくるので，手を抜いてはいけない（ただし，この作業工数は通常の予備設計には含まれていないので，実務上は設計変更が必要かもしれない）。

写真-4.18　旧富山大橋全景
昭和11（1936）年竣工の旧富山大橋全景

写真 -4.19　富山大橋全景
神通川を渡り，立山連峰と富山市街を背景にした富山大橋全景

本橋の事例では,「富山大橋計画検討委員会」の事務局作業を通して「場所の履歴」を調査し，地元に暮らす人々の意見に触れることになったが，その対話から，①立山連峰を望む架橋位置の特性を生かして欲しい，②旧橋の面影を残して欲しい，という地元の市民の方々の思い，すなわち「市民目線の要求性能」[16)]を抽出することに繋がった。

(3)　立山連峰への眺望を活かす設計

①の要望に対しては，橋の上からの立山連峰への視界をどう確保し，どう演出するか，が設計への要求事項であると解釈した。そもそも，川を渡る橋の路面というのは，堤防よりさらに高いところにあって，両側の視界が開けている上に，富山大橋の道路線形はほぼまっすぐで，その正面に見える立山連峰への眺望が印象的になるのは間違いなく，その素質をどうやって磨くかを考えた。

橋梁形式の検討過程では，アーチ，あるいは斜張橋といった構造物そのものがランドマークとなる形式は，眺望を阻害するので評価を低く見積もり，眺望価値の観点から桁橋を選択した。

また，路面照明は，照明施設（ランプ）と架線柱は路面中央にまとめるセンターポール式とし，歩行者照明は高欄に埋め込む照明にして目立たないようにした。

写真 -4.20　路面上から立山連峰を望む

（4）旧橋の面影を残す設計

②の要望に対しては，まず，旧橋が有する市民に親しまれる要因を探るところから始めた。富山の都市形成史に欠かせない神通川改修の歴史や水害の記憶，戦時中に配置されていた軍施設（現在，その敷地には富山大学）との関係も深く，市民生活の節目節目でこの橋の存在が意識されてきた歴史が，橋への関心を上げてきたことが伺えた。

加えて，旧橋（東京市で震災復興橋梁を手がけた小池啓吉氏が設計）が造形的に丁寧に仕上げられていたことも，市民の愛着を惹きつける点で，影響が大きいと着目した。具体には，桁高変化が橋脚ごとに繰り返すリズムが心地よいこと，桁と脚の納まりが素直ですっきりしていること，橋全体のシルエットを引き締ませる緊張感を与える支承の存在感が効いていること，桁側面に出ている垂直補剛材が織りなす陰影が構造物の表情を豊かにしていること，等々である。

この観察結果から，旧橋から新橋に引き継ぐべき構造物の要素として，リズム，納まり，緊張感，表情，とすることを定め，それぞれを具体的に現代の技術でどう解釈するか，を検討していくこととした。

新橋の支間は2倍，幅員も2倍，桁形式は連続箱桁，と構造物としてはまったく異なるものだが，操作可能な桁下面の曲線形状に工夫を凝らしてリズム感を出すことで，旧橋のリズム感の継承を狙った（**写真 -4.21**）。

写真-4.21　桁高変化曲線の比較。実物（上）は3次放物線，CG（下）は2次放物線。旧橋に近い3次放物線を選定して，旧橋の面影の継承を狙ったが，違いがわかっていただけるだろうか

旧橋では小ぶりの金属支承が並び，そのくびれた形状により緊張感が表現されていたが，現代は四角四面のゴム支承が主流で，そのままでは以前の橋のような緊張感は出せない。そこで，支承は2本の主桁にのみ設置し，橋脚をそれに合わせて，中央部分をハイウォーターレベルまで下げる造形とした。桁と壁状の橋脚にできるだけ大きな空間を設けることによって，2つの支承を介して桁を支えている様子を明示的に示すことで，緊張感の表現とした。

桁の表情は，箱桁の垂直補剛材を外に出すのは非合理なため，高欄の細部構造で対応することとした。化粧的な対応方法で，賛否両論があると思うが，ストイックな態度だけでは表情は作れないと割り切った。

公共事業といえども，多少の経費増はそれが市民目線の要求事項に沿うものであれば，必要経費として位置づけた方が良いと思っている。が，そのさじ加減は難しい。杓子定規な判断に陥らずに，試行錯誤しながら落とし所を探るべく，

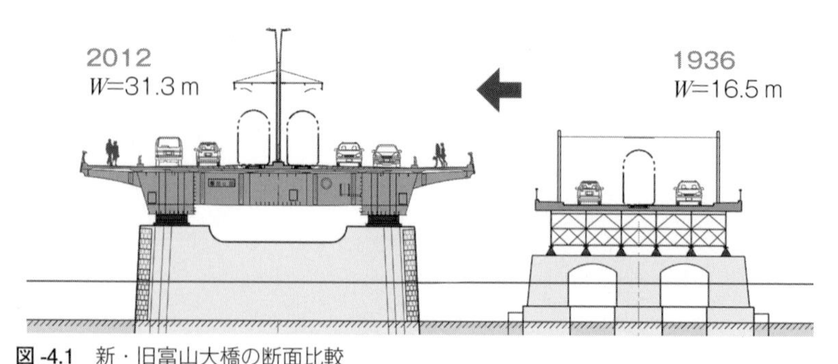

図-4.1　新・旧富山大橋の断面比較
路面電車の軌道と車線数を2倍，歩道幅員は2m×2を4.5m×2，のそれぞれ倍増に

さまざまな立場の方々との対話を重ねることがこれからも必要だ。時間がかかるが，社会手続きとして必要な時間として設計プロセスの中にも適正に組み込んでいくのが良いと思う。なお，本橋の場合は，委員会の場で議論し結論を得る手続きのもと，つまりは時間をかけて，旧橋の面影を残すデザインが採択された。

（5）記憶の引き継ぎ

新しい富山大橋が開通し，旧橋は取り壊されたが，渡り納め（**写真-4.22**）や花火大会の桟敷として利用するなど，長年の貢献を労うイベントが，事業者主催により開催された。多くの市民が参加し，旧富山大橋へ別れを記憶に刻んだ。また，旧橋の歴史を整理した資料作成や小学生用の副読本の作成と配布など，次世代に歴史を引き継ぐ事業も実施され，継承すべき記録を残し，100年後かあるい

写真-4.22　旧橋の渡り納め

写真-4.23　高欄を地元小学生が清掃

はもっと先へ，今の時代の架替事業のメッセージを残すことになったと思う。

高欄は，地元に縁のあるアルミ産業やガラス工芸を活用するデザインとしていたが，設計が進むに連れ，さらに発展して，地元小学生の作成によるガラス玉も付加されることになり，両岸の２つの小学校の参画に繋がった。そのおかげで橋の完成後も，地元小学生による清掃活動（**写真 -4.23**）が続けられた。なんと，微笑ましいことだろうか。彼ら彼女らが成長し，その中からこの橋の維持管理を担当する人が出てくることに期待がかかる。

（6） 郷土愛に寄り添うデザイン

設計実務では，構造物の工学的な設計作業をするだけでなく，街づくりに関するさまざまな人々とも連携することになる。その際，対話のベースとなるのが，橋と橋周辺の「場所の履歴」への認識であり，それへの敬意である。設計者はそこから，その場所に暮らす人々の「市民目線の要求性能」を抽出し，それを満たす橋の姿を工学的な知識も動員して，総合的な設計成果を創造していく。教科書的な正解を探すのではなく，どのような橋がその場所に相応しく，かつ未来に繋がるのか，試行錯誤しながら創造していくのだ。

富山大橋では，立山連峰への眺望，ならびに旧橋の面影すなわち丁寧な造形，を満足する橋を創造することを目指し，完成後はその存在が富山の人々の郷土愛を育む媒介になれたら，との想いを持って設計に取り組んだ。

その点において，意識として「橋をデザインする」ことができていたと思うし，関係者とも良好な関係構築ができていたと振り返る。

4-4 対比で考える—築地大橋の事例—

（1） 橋の概要

橋長 245 m，最大支間 145 m の 3 径間連続アーチ補剛鋼箱桁橋である。東京都が整備する東京都市計画道路環状第 2 号線が隅田川を渡河する位置に計画された。予備設計段階の 2004 年，平成 16 年度橋梁形式検討委員会にて橋梁形式が決定され，詳細設計段階の平成 20 年度景観意匠検討委員会にて橋面施設等の意匠方針が審議・決定され，2018 年 11 月，暫定開通（**写真 -4.24，4.25**）している [17]。

写真-4.24　築地大橋全景

写真-4.25　築地大橋と勝鬨橋

(2) 橋梁群を意識した設計

架橋地点は隅田川の最下流部に位置し，隅田川の第一橋梁を，重要文化財に認定されている勝鬨橋から引き継ぐ場所であった。震災復興橋梁群に代表される，あらゆる種類の橋が架かる隅田川にあって，新たなゲートの役割を果たす橋は，いかにあるべきか，そのような議論から橋の計画は始まった。議論の場として，都庁内に委員会が設けられ，最初にデザインコンセプト「22世紀にも建設意志が伝わる橋」がまとめられた。隣接する勝鬨橋への敬意を示しつつ，最高の技術，今日的な機能性，および美しさをバランス良く整え，永きに渡って丈夫で人々からも愛される橋を目指そうという趣旨であった。隅田川橋梁群に新たに加わる橋の設計に対する，事業者としての責任と矜持を示すコンセプトであった。

(3) 比較検討の経緯

上記コンセプトのもと，それに相応しい橋の姿を求めて，さまざまな橋梁計画案が委員会において審議された。

川幅から決まる橋長は245 m で，河川中央に設定された幅100 m の航路をどう跨ぐかが工学上の問いであった。ひと跨ぎする単径間の吊橋（**写真 -4.26**）やアーチ（**写真 -4.27**），航路を左右に分割する2径間のアーチや斜張橋，河川中央に航路をおく3径間の桁橋（**写真 -4.28**）やアーチ（**写真 -4.29**），あるいは屋上に緑化広場を有する案（**写真 -4.30**）などの橋梁計画案の可能性が吟味された。

隅田川にすでに存在する橋にイメージが似ている案，および河川中央に橋脚が存在する案，等は可能性が低いと判断され選外となった。次いで，緑化広場を有する案は維持管理の面で，吊橋案は地盤評価の面で選外となり，控えめな桁橋案，ひと跨ぎするアーチ案，3径間のアーチ案，の3択にまで議論が収斂し，最終的に現案である3径間のアーチ形式が選定された。

写真 -4.26　単径間吊橋案：スレンダ - な桁がスーッと伸びるだけのシルエットで勝どき橋へのリスペクトを示すと同時に，トランスペアレンシーという現代橋梁の粋を示す可能性に優れる案

写真 -4.27　単径間アーチ案：スケールの大きなアーチを繊細なトラス構成でチャレンジする案。構造課題が明確故に，それを乗り越えた際の成果も大きく，その心意気をアピールする案

写真 -4.28　3径間桁橋案：鋼板でシェル状の断面を構成し，桁裏に反射する川面のきらめきを楽しむことで，河岸の再開発による水辺空間の価値向上と連動することを狙った案

写真 -4.29　3径間アーチ案：道路としてのゲート性，勝鬨橋含む周辺環境のスケール感とのバランス，歩行空間のちょっとした演出，等さまざまの要求にバランス良く対応する案

写真 -4.30　構造可能性の視点だけでなく，川面の風景を存分に楽しめる橋上を緑化広場とする案も検討したが，厳しい環境下での緑化維持の手間に見合う需要が不明であ，前向きな議論が起きることはなかった

（4） 最終案の選定

最終案選定の決め手は勝鬨橋とのバランス感覚への評価であった。

控えめな桁橋案は，勝鬨橋の存在を最も引き立てるが，川面から見た場合，それなりに大きな橋脚の存在は，勝鬨橋の大きな橋脚とのバランスに懸念が残った。

また，当初のコンセプトの表現としても弱い印象が懸念された。

一方，ひと跨ぎするアーチ案は川面における開放感とシンボル性を獲得しうる点で，他案に勝る利点が認められたが，ビル群が迫る水辺のスケール感に比して，スケールオーバーの印象が懸念された。

最終案に選定された3径間連続アーチ補剛鋼箱桁橋は，高潮の際はアーチリブの一部が水没することを許容（船舶衝突への備えとしてアーチリブ内にコンクリートを充填）することで橋脚のボリュームを極力小さくしている。そのため，川面から見た場合，勝鬨橋への視線の抜けもよく，勝鬨橋の橋脚ボリュームとのバランス（対比）も良く，水辺のスケール感に無理なく馴染む印象であった。

橋上空間は，密で繊細な横支材の存在によって「らしさ」を獲得している勝鬨橋（**写真-4.31**）との対比も明確で，傾けられたアーチリブの垂直投影面に添って配置した歩道は，車道から適度に離れることで，安心感のある歩行空間の演出の面でも工夫が見られた（**写真-4.32，4.33**）。

アーチリブと桁とを繋ぐケーブルと鉛直材（陰影効果を狙いH断面）が構成する立体的構成は，アーチリブの横倒れ座屈を抑制する効果を有し，アーチリブ断面を座屈防御のために極端に太らせることを防ぐ工夫が内包されている。

このように，アーチリブを傾け歩道を外側にはらませる「遊び心」を感じさせる造形上の工夫や，構造上の機能を包含しながら都市の「歩く楽しさ」にも貢献しようとするデザインが，建設コストを含む通常の設計条件，都市の文脈への配慮，未来への展望といったさまざまな要求性能をくみ取りつつ，そのバランスに優れる案として選定された。

写真-4.31　勝鬨橋の正面

写真-4.32　路面から橋正面を見る

写真-4.33　左岸にビルから望む

（5） そうと感じさせない創意工夫

本橋の骨格は，両岸の路面高さや幅員が異なり，かたちをまとめるにはさまざまな工夫が必要であった。その工夫として効果を発揮したのが，横支材を取り除いた独立双弦の中路アーチを採用であり，アーチリブの一部の水没を許容し，壁状の橋脚構造物が水面にでるボリュームを最小化したことである。これらが効いて，かたちの非対称性からくる違和感を感じさせない見え方となっている。

また，アーチを14度傾けたことにより，アーチリブ断面を構成する面のひとつが下に向いたため，下から照射する光を受け止める反射版の役割を有することとなった。そのため，ライトアップ用の照明器具をアーチリブ外面に取り付ける必要を無くし，昼間の見た目の劣化や，維持管理上の弱点を作らないディテールへの寄与も果たしている。設計時から狙った効果で，ライトアップもその性質を活かした計画となっている（**写真-4.34**）。

ほとんどの利用者はこうした工夫を，直接的に感じることは無いと思うが，プロの設計者としては大事なところと考える。橋は普段使いの構造物であり，利用者に余計な神経を使わせないように設計することが肝要と考えるからである。

写真 -4.34　下流側からみるライトアップの様子（出典：pixta.jp/uchida）
奥に見える勝どき橋とのバランスも悪くない

（6） 橋のデザインに埋め込まれた時代のメッセージ

本橋の見た目の特徴は，横支材を省き 14 度傾けた独立双弦のアーチの存在だろう。しかし，これは見た目の奇抜さを狙ったものではなく，架橋地の「場所の履歴」を読み解き，特殊な条件を乗り越え，この場所の文脈に相応しい橋の姿を論理的に求めてきた結果である。

設計者が，橋梁計画において「場所の履歴」や社会の動きに敏感になるのは，その時代のメッセージが，設計行為を通して，橋という構造物に埋め込まれることを自覚するからである。それが将来世代の人々に通じ，橋への愛着や親しみを持たれる源泉になってきた歴史的事実を知るからでもある。

「22 世紀にも建設意志が伝わる橋」となるかどうかは，後世の方々が判断することであるが，事業者，設計受注者，委員会等の審議委員，等さまざまの関係者の創意を積み重ねたプロセスにおいては，「橋をデザインする」ことができたのではないかと，関係者の一人として認識している。

4-5　設計競技で鍛える—各務原大橋の事例—

（1） 設計競技の経緯と橋の概要

橋長592 m，標準支間60 mのPC10径間連続フィンバック橋である。各務原市主催のもと，2005年10月から翌年1月に全国規模で開催された設計競技により，応募総数21案の中から選ばれた橋梁計画である。優勝した設計JVにより，

写真-4.35　各務原大橋全景（右岸から）

写真-4.36　歩行面の様子

2006年3月から2007年6月にかけて,「(仮称) 各務原大橋総合検討委員会」との議論を6回重ねて，本橋（渡河橋梁）ならびにアプローチ道路（全長2.4 km）の予備設計がまとめられて，2013年3月に開通している[18)−20)] (**写真-4.35，4.36**)。

(2) 競技終了から始まる本当の設計実務

2006年1月13日，400名以上が集まるプレゼンテーション会場での発表を終了すると，私達設計チームは充実した気持ちで互いに握手を交わした。その日までの約3ヶ月，体力と五感をフル動員した準備作業から開放されたことと，オリジナリティを意識した提案を，しっかりと事業者，ならびに市民に直接伝えられた安堵感から，気分が良かったのだ。創造できた達成感を味わった。

しかし，創造したアイデアを実現する設計実務は，ここからが始まりだった。

(3) 市民参画行事から始まった設計プロセス

設計競技の結果は，公開プレゼンテーションが終了してすぐに連絡が来た。しかし，そこには条件が付けられていた。PCフィンバック橋のフィン高さを提案の2 mから1.5 mに低くして欲しい，というものだった。歩行者への圧迫感低減や防犯面を懸念しての意見とのことで，その意図はすぐに理解できた。

当初の提案は，構造試算により支承位置の構造高として4.3 m程は必要という観点から，路面から上に2 m，下に2.3 mとしていた。これを上に1.5 mとすれば，下に2.8 mというバランスになり，桁全体のイメージが重たい印象になるばかりか，フィンバックを採用した構造的な効果も，視覚的な効果も，両方ともに中途半端なものとなる懸念が大きかった。

設計チームは，現実に架かる橋が，結果として美しいものとなることに責任があると考えている。また，現在提案している寸法では指摘を受けた懸念事項は大きな問題にならないとも認識もしていた。そのため，設計提案者として，この条件を受け入れることはできないと判断し，その旨を事業者側に説明した。

そして，そこから2ヶ月間，最善策を模索して協議を続けたが，結論が出ないまま，この件をコンペを審査した主要な委員から構成される「(仮称) 各務原大橋総合検討委員会」にて対面で審議することとなった。当日，私達は幅60 cm，高さ2 mの実物大の部分模型を持参して，設計者としてのデザイン構想と2 m

写真-4.37　実物大モックアップ（全長120 m）
公園に展開して，市民にも公開して意見を聴取した

その状況を受けて，委員会の発案により，実寸法でのモックアップを製作して確認することになった。こうして，2 m案と1.5 m案の2案をそれぞれ延長60 m，あわせて120 mのモックアップを公園に展開することが決まった。加えて，せっかくの機会を有効に活用すべく，一週間ほど市民に公開し，市民アンケートをとることとした。

設計チームは，それまでの1ヶ月の間に，フィンバック全体の形状をプロポーザル案から洗練させる作業，ならびにPCケーブル配置のチェックを加えて今後の構造設計の進展に伴う形状変更のリスクを低減した上で，モックアップ形状に反映させた（**写真-4.37**）。

このような経緯を経て，設計チームの提案は，優勝決定後3か月を経て，市民の前で公開されることとなった。

（4）百聞は一見にしかず

公開プレゼンテーションから4ヶ月を迎えようとする頃，委員会を開催し，委員の方々にモックアップを見ていただいた。百聞は一見にしかず，とはこのことをいうのだろう。委員会が提示した当初の懸念は即座に払拭され，むしろ2 m案の方がきれいという評価までついて，すんなり了承された。ちなみに市民アンケートの結果も2/3が2 m案を支持していた。

このような経緯を経て，フィンの高さはプロポーザル時と同じ2 mに決まった。

そして，4ヶ月にわたるこの真摯な対話プロセスは，設計チームとその設計を審議する立場にある委員会との間に信頼関係を育むこととなった。振り返れば，設計プロセスの当初に費やしたこの時間は無駄ではなく，それ以降の設計作業の創造性を高める上で必要な時間だったと思う。仕事の初期段階で信頼関係を構築できたので，それ以降の議論がかみ合い，是々非々，さまざまな意見を融合する方向で進んだからである。

結局，創造的な仕事のためには，ステークホルダー間の信頼関係を醸成するプロセスが大切で，それは結局，時間的にも最短距離を走ることになると，この経験を通して強く思うようになった。キーワードは「急がば回れ」,「百聞は一見にしかず」で，成功は，準備を入念にして，事実に基づく判断を積み重ねることで引き寄せられる，との確信を持つに至った。

(5) アプローチ道路の検討

設計範囲は木曽川を渡河する各務原大橋本体だけでなく，そこにアプローチする道路全体が対象で,「森を抜けて川のオープンスペースへというシークエンス」を求めていた応募要項の実現も課題であった（**写真-4.38**）。

構造物設計としては，高架となる区間において，既存街区が分断される箇所の道路構造を，いかにするかがポイントであった。これらの課題はすべて委員会に諮られ，地域分断感，ならびに風通しなどの環境影響の最小化とコストバランスをいかに取るかの観点から審議された。経済性に優れる盛土＋ボックスカルバー

写真-4.38　アプローチ道路の構想模型
コンペ要項の「森を抜けて川のオープンスペースへというシークエンス」に対応した構想模型

写真-4.39　アプローチ道路を堤防から望む
盛土構造として用地を手当していたため，高架構造に変更した区間は桁下空間の両サイドに余裕が生まれ，そこに植樹し，その木が成長して写真-4.4に示す構想に近づいていくことを期待している（撮影：2014年4月）

ト案との工費差は，比較対象区間内では10％あったが，道路全体では1％に満たない額であり，地域に住まう方々の事も勘案して，高架構造案が選択された。具体的には，およそ大人の目線が通る区間を橋梁構造に，それより下を盛土構造とした。市民感覚に照らして合理的な判断が答申される委員会の存在は，設計者としても提案のしがいがあったことを付記しておく。

そして，最もワクワクしながら考えたのがアプローチ道路の並木である（**写真-4.38**）。模型にそのイメージを託しているが，将来にわたって気になるのが，高架構造横に植樹する木々の生長である。20年後ぐらいには，樹冠がアプローチ高架橋の路面を越えて顔を出してくれるだろうか？　そうなれば，「森を抜けて川のオープンスペースへというシークエンス」という課題に応えられるのではないか？　今も楽しみにしているところである。

（6） 創造には欠かせない信頼と対話

設計者にとって，設計競技（コンペ）は腕試しのまたとない機会である。解くべき問いとしての「場所の履歴」の調査や「市民目線の要求性能」の抽出は主催者（事業者）が用意しているので，その解答への審査員の共感を競う点が，このイベントの本質である。

先に紹介した2つの業務では，この問いを定めるところから仕事に取りかかっていたが，設計競技では用意されている点が違う。本橋では，この問いの立て方に，設計チームが共感できたため，その解答である提案が（問いをたてた）審査員の目にとまったのだろう，と今は思う。

そして，審査員の側も，問いを立てる仕事を経たので，その解答を提案する設計者に対しても，緊張関係を持って対峙されたのだと思う。だから，真摯な議論，対話が成立し，提案以上の成果に育っていったのだろう。

参加する度，設計コンセプトの重要性に気付かされる。

21世紀における橋の姿の行く末を考えるとき，この気づきは大事な示唆を含んでいると思う。18世紀以降，さまざまな技術革新を経て，ある程度の技術的成熟をむかえた橋づくりにおいて，橋の設計は，今後ますます，解答の仕方ではなく，問いの立て方に比重が移っていくものと思う。そして，その意識こそ，「橋をデザインする」ことだと思う。どう（how）設計するのでなく，どんな橋（what）を設計するのか，そこが問われているのだ。本橋の設計を振り返り，改めて文章にする作業を経て，このことを強く認識した。

4-6　デザインプロトタイプをつくる

（1）　橋をデザインする基本プロセス

「橋をデザインする」には，初期段階でデザインプロトタイプを創造することが大事で，そのプロセスのあらましを次ページに記す（文献3をもとに筆者がアレンジ）。

地盤の状況を確認し，それにふさわしい構造物のあり方を考察し，部材にかかる力の流れと部材寸法を想定しつつ，スケッチ（見える化）しながら，橋の構造シルエットを発想，試行錯誤を重ねていく。同時に，場所の魅力を把握し，それとの関係性に想像の翼を拡げて「橋のデザイン」レベルを上げていく。時に応じて，考える焦点を意識的に切り替え，エンジニアとしてどうつくるかだけでなく，一般市民としてどう見えるのかを想像する。設計者として何をつくろうとしてい

橋梁シルエットを検討する際の概略手順

① 地形の入った側面図に路面位置の線を描き，交差条件等の前提条件を薄く描き，頭の中に浮かんでいる橋梁計画案の，橋台位置や橋脚位置をラフにプロットしてみる。
② 桁橋の場合は，これに桁下面の線を桁高変化も考慮して書き加える。ラーメン，アーチ，あるいは吊構造を活用する場合はその骨組み線を描き，標準的な部材寸法を考慮して厚みを書き加えていく。
③ それを眺めて，支間割りと桁下空間のバランス，などを自分なりに評価し，より良いバランスを見つけるべく書き直していく。
④ 続いて，地盤状況を勘案しながら，基礎形式，および耐震システム等の構造方針をラフに決めて，それを図面に反映していく。
⑤ ④の作業に並行して，使用する材料や桁断面のイメージをラフに決めて，図面に書き添えていく。この時点で排水の始末をどうするか，排水経路の方針を立てておくことも大事である。
⑥ ここで，部材の輸送経路や施工方法を勘案して，その難易度を自分なりに評価しておく。
⑦ ここまでくると，およそのイメージが可視化されるので，その案はいったん FIX して，別案を同様の手順で考えるべく②に戻る。
⑧ ここまでの手順を何度か繰り返すと，いくつかの案が出そろい，その優劣を具体的に考えることで，その場所における自分なりの橋梁イメージや施工上の留意点が整理されてくる。ここで，時間を作ってそれらを清書して，同僚等に見せて意見を聞き，考える視座に漏れがないかチェックし，必要な手直しをしておく。
⑨ ここからは，意見を聞く相手の幅をどんどん広げることを心掛ける。人数ではなく，立場の多様性を求めるのが良い。何度か繰り返す内，橋梁計画の構想はイメージ，論理構成とも固まっていく。
⑩ 固まってきたら，そのまま進めるか，さらに別案にチャレンジすべきかを，再度さまざまな立場の方々と検討し，判断する。

るのか，常に振り返り，考察しながらの作業となる。その考察を助けるのが，スケッチや模型であり，最初のイメージに刺激を与え，足したり引いたり，やり直したりしながら，思考と作業を繰り返す。そうやって初めて，デザインプロトタイプが姿を現してくる。

写真 -4.40　富山大橋の場合は，橋脚周りにデザイン要素が凝縮されていたので，その部分模型が，デザインプロトタイプの役割を果たした

(2) 富山大橋の場合

橋梁形式の方向性が桁橋に収斂していくことと並行して作成（**写真 -4.40**）した模型が，結果として本橋デザインのプロトタイプとなった。橋脚形状，桁配置から高欄シルエットに至るイメージを繰り返し調整しながらの作業であった。最終的に建設されたものとは桁配置や各所の寸法は異なっているが，全体の雰囲気やかたちのバランスは，ほぼそのまま保たれており，初期段階での好ましいイメージの提示が，その後の展開に大きな影響を与えた。

(3) 築地大橋の場合

築地大橋では本章の扉に示した全体模型がデザインプロトタイプとなった。橋梁計画の比較案を検討している段階の模型で，この時点では最終案と幅員が異なっている。後に，設計条件がほぼ固まった際に改めて調整した模型がそのバージョン2（**写真 -4.41**）となり，都合数年かけた設計期間を通して，模型の印象，部材間のバランスを頼りに，実現すべきアーチリブ部材断面寸法，ケーブル定着構造，鉛直支材の寸法設定等を追い込んでいった。

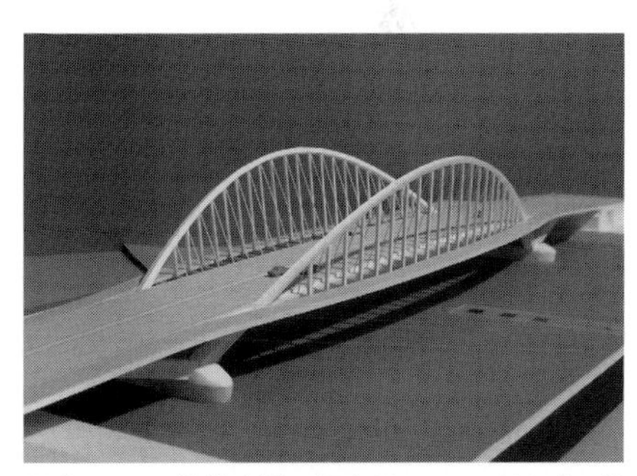

写真 -4.41　築地大橋の場合は，アーチリブの軸線と桁との取り合いにデザイン要素が凝集されていたので，全体模型がデザインプロトタイプの役割を担った

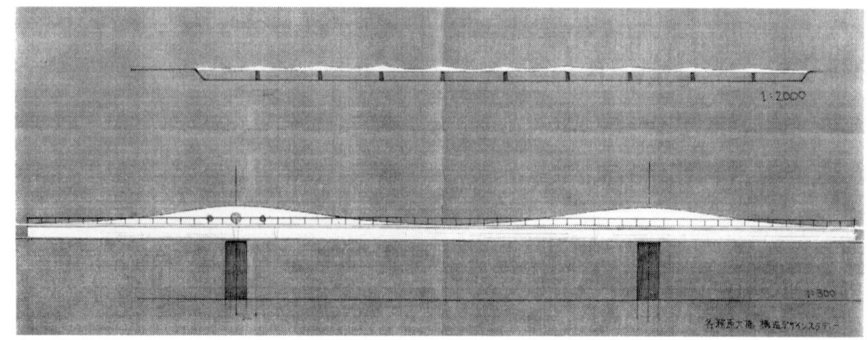

写真-4.42　各務原大橋の場合は，支間バランス，桁構造にデザインの本質があるので，この側面イメージのスケッチがプロトタイプとなった

（4）各務原大橋の場合

各務原大橋のプロトタイプは，コンペ提出メンバーの一人であった田村幸久氏が描いたこのスケッチ（**写真-4.42**）だ。検討開始後，1～2ヶ月が過ぎた頃であった。これを見た印象をもとに模型にし，それを見ながらチーム全員でさまざまな調整を加えて最終案にたどり着いたのである。

（5）プロトタイプはたたき台

デザインプロトタイプは，たたき台であるから，その後，何度も変更されていくものである。まずは気楽に作成し，部分と全体の関係性を見えるようにして，考える場をつくるのが肝要だ。そもそも設計とは，さまざまな物事の統合を図るものだから，バランスが大事だ。例えば，まず桁を設計し，次に脚を設計し，最後に高欄や照明，排水管をデザインするという手順では，魅力的な橋は生まれない。すべて同時に考え，統合されたイメージを描いてから，それぞれの設計条件に基づくバランスを調整しながら，全体の完成度を上げていくのが本来の姿である。

（6）市民目線の要求性能の解決を図る

実務では設計開始と同時に「市民目線の要求性能」の調査を開始する。対象とする橋に市民が何を求めるのか，適切な問いを立てていく。デザインプロトタイプは，その問いを解くためのものでもある。手を使って作業をし，右脳と左脳をフルに働かせて考えを巡らす。このプロセスを踏むか否かが，その橋が魅力的になるかどうかの試金石になる。

デザインプロトタイプができれば，それは他者との対話のメディアともなる。故に，多様なアイデアが注入されて磨かれていく。だからこそ，早期に作成して，関係者に披露し，フィードバックを引き出し，修正していく時間を確保することが大事になるのだ。

◎参考文献

1）松井幹雄：魅力的な橋梁設計をするために，日本建築構造技術者協会誌，structure，No.154，2020.4
2）松井幹雄：デザインの可能性を土木設計に反映させる方法論について考える，高速道路と自動車，2018.3
3）F・レオンハルト 著，横道英雄 監訳，成井信＋上阪康雄 共訳：レオンハルトのコンクリート講座 6 コンクリート橋，第 5 章 橋梁計画，鹿島出版会，pp.20-21，1983.5
4）Chris Moris：On Tour with THOMAS TELFORD, Tanners Yard Press, 2004
5）Henri Loyrette：GUSTAVE EIFFEL, Payot（Paris），1986
6）Max Bill：Robert Maillart, Verlag für Architektur AG, 1969
7）S.Giedion 著，太田實 訳：空間 時間 建築 2，丸善，p.526-554, 1969
8）ホセ AF オルドネス 著，池田尚治 翻訳監修：PC 構造の原点フレシネー，建設図書，2000.5
9）上阪康雄：追悼レオンハルト教授～1 橋梁技術者としての F. レオンハルト～ 他，橋梁と基礎，2000.3
10）藤岡泰輔，田代昇，片健一，蘆塚憲一郎，和田圭仙，松尾祐典：徳島自動車道 別埜谷橋の設計と施工，橋梁と基礎，2021.1
11）ローラン・ネイ，渡邉竜一：出島表門橋と 12 の橋，millegraph, 2018.8
12）https://www.schaffitzel.de/en/bridge-construction
13）松井幹雄：橋を設計するという仕事～富山大橋を題材に～，全建富山，No.63，富山県建設技術協会，2017
14）土木のチカラ「細やかな意匠で桁橋離れした存在感（富山大橋）」，日経コンストラクション，0515 号，2012
15）場所の履歴という言葉は，桑子敏雄 著，空間の履歴，東信堂，p.5-11，2009.5　からヒントを得て名付けている。
16）松井幹雄：市民目線の要求性能を予備設計の設計条件に，土木学会第 73 回年次学術講演会 CS3-028，2018.9
17）有江誠剛，松井幹雄，高楊裕幸，浦田昌浩，黒島直一，太田泰弘：隅田川橋りょう（仮称）の形式検討と景観設計，橋梁と基礎，2014.4
18）松井幹雄：各務原大橋の設計～市民参加行事から始まった設計プロセス～，土木施工，2018.8
19）田村幸久，松井幹雄 ほか：各務原大橋の基本設計～プロポーザルから予備設計段階まで～，橋梁と基礎，2013.6
20）土木のチカラ「雄大な木曽川の景観に馴染む橋（各務原大橋）」，日経コンストラクション，1125 号，2013

第5章
価値の再発見

八馬　智

アリオスの水路橋

5-1　インフラストラクチャーのデザインのとらえ方

(1)　デザインの範疇

「デザイン」という言葉の範疇はきわめて広く，使う人や場面によってその意味は異なる。広くとらえれば，世の中にあるすべての人工環境や仕組みは，誰かによって誰かのためにデザインされているといってもいい。姿かたちや色彩といった外観だけではなく，使いやすさや快適性などの印象，さらには得られる体験の価値なども，デザインの結果なのだ。

多くの人は，店舗で売られている商品は誰かがデザインしたものだと理解しているだろう。その一方で橋を含むインフラストラクチャーは，一般消費者たる自分自身との直接的な購入関係が感じられないためか，そのように認識されにくい。そればかりか，つくる側ですらデザインしている自覚がないこともある。

ここではまず，誰もがイメージしやすいであろう商品のデザインとの差異を意識することで，あらためてインフラストラクチャーのデザインの性質に迫りたい。

(2)　デザインの性質

店舗で売られている商品は，購入者の態度を見据えてデザインされている。例えば，使いやすい工夫を施してユーザーの満足度を上げる，見た目の魅力を演出してライバル商品との差別化を図る，この商品を所有している自分をアピールするという自我欲求を満足するなど，人を踏まえた方向から検討されているのだ。このようなことが市場原理の中で競争的に繰り返され，あるべき姿に向けたビジョンやコンセプトが磨かれながら，必然的に多様化が進むとともに，デザインの水準が上がりやすいと考えられる（**図-5.1**）。

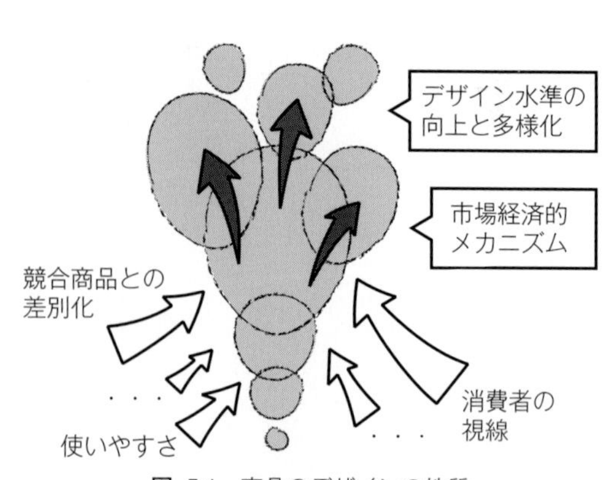

図-5.1　商品のデザインの性質

ところが，店舗で売られることがないインフラストラクチャーは事情が異なる。主な購入者が不特定多数の消費者ではなく，公的機関や元請会社などの関係者であるために，程度の差こそあれ，必然的に実際の利用者よりも関係者の方を向きやすい。そして，求めるコンセプトや性能のバランスの取り方も，自ずと変わってくる。具体的な例として，果たすべき機能や役割を満足することのみに注力する，施工や調達のしやすさなどのコストを最小化する，耐久性を高めたりやメンテナンスをしやすくすることで長持ちさせる，さらには実際の利用者からクレームが来ないようにするなどが挙げられる。こうしたことからインフラストラクチャーのデザインは，エンジニアリングを実直に積み上げつつもコストを最小化したピュアさが際立ち，コモディティー化が加速しやすい。それは，強い美意識と多くの手間をかければ凛としたエレガンスを獲得できるものの，わずかに気を抜くとたちまち洗練度の低い生々しい姿となって現れる（**図-5.2**）。

価値観が多様化する現代社会において，インフラストラクチャーの役割は複合化している。そのデザインの水準は，関係するキーパーソンたちが有するデザインへの理解度によって大きく異なる。その中でもとりわけ橋づくりにかかわる人たちは，デザインの質の向上を常に模索していく必要があるだろう。橋は景観に与える影響がとくに大きく，地域文化の形成に不可欠な要素になるためだ。

では，どうすれば橋のデザインの完成度を高めることができるのだろうか。そのヒントを掴むため，日本で橋のデザインを行っている土木エンジニアが，どのような教育環境にあるのかを，あえてデザインの基礎教育と対比的にとらえてみよう。

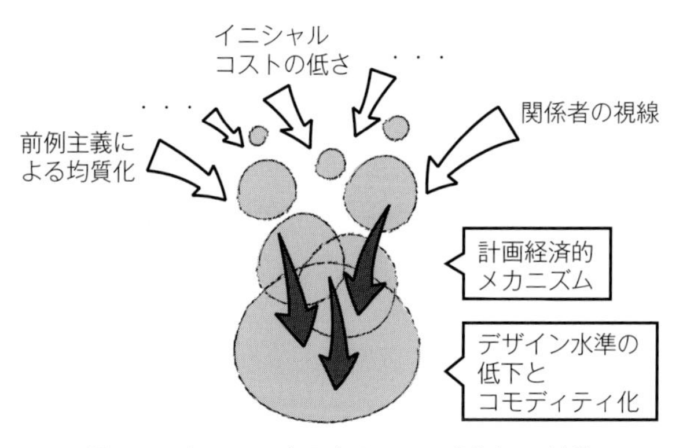

図-5.2　インフラストラクチャーのデザインの性質

(3) デザインにおける正解とは

筆者は現在，大学においてデザイン教育に携わっている。基礎教育の段階では学生に対して，「デザインは唯一の正解を求めるのではなく，多様な解の中から自らのアウトプットを正解に仕立てていく態度が不可欠」といい続けている。高校までの教育では，正しい答えを求められることが常態化しているためか，受動的に教わることは上手にできても，能動的に学ぶことに苦手意識がある新入生は数多い。そこで，早い段階でマインドセットの切り替えを強く促すことで，その後の学修をスムーズにしようとしているのだ。

多くのデザイナーにとっての専門性は，その対象や分野にかかわらず，特定の領域の知識の深さを求めること以上に，広い領域の知識同士を接続する思考やプロセスが重要となる。これは，ある環境や状況における最適解を帰納的に推論する「逆問題」のアプローチが重視されていると考えて良いだろう。この点がデザインという概念への理解を難しくしている要因ともいえる。

その一方で，土木エンジニアリングの基礎教育では，対象領域の知識を深め，論理を積み重ねて演繹的に正解を推論する「順問題」のアプローチが重視されていると考えられる。与えられた課題を乗り越えて，現実の姿をつくりあげるためには，絶対的な正解を追求し，そこに到達しようとする態度が不可欠であろう。このように人材育成の目標の違いから，教育のスタート時点でのベクトルには差異があると考えられる。

(4) ふたつのアプローチの融合

それぞれの基礎教育において，評価の観点も大きく異なると考えられる。デザインの場合は，自分のアウトプットを最大化する「ものさし」を自ら構築し，それを他者と共有できる状態にすることが重視される。それに対して，土木エンジニアリングの場合は，すでに共有されている既存の「ものさし」に対して，どこまで到達できたかが評価の対象になるだろう（**図-5.3**）。

この構図は，やや乱暴ではあるが，「なにをつくるか」という問題発見能力の開発と，「いかにつくるか」という課題解決能力の開発の，基本的な教育方針の違いといえるかもしれない。

企業活動でのものの開発における機能について，杉山は「機能＝内部機能（そのもののできること）＋外部機能（それを使ってできること）」とした上で，内部機能の開発は技術者が行い，外部機能の開発は商品企画やデザイン領域が担当していると述べている。そして，両者を適切に融合するマネージメントの重要性を説いている[1)]。このように，デザインとエンジニアリングが内包している特性を踏まえた上で，それぞれのアプローチを融合していくことが現代のインフラストラクチャーのデザインに強く求められると考えられる。さらにこのことは，次章で論じる「コンセプチュアルデザイン」の基盤を形成する概念といえる。

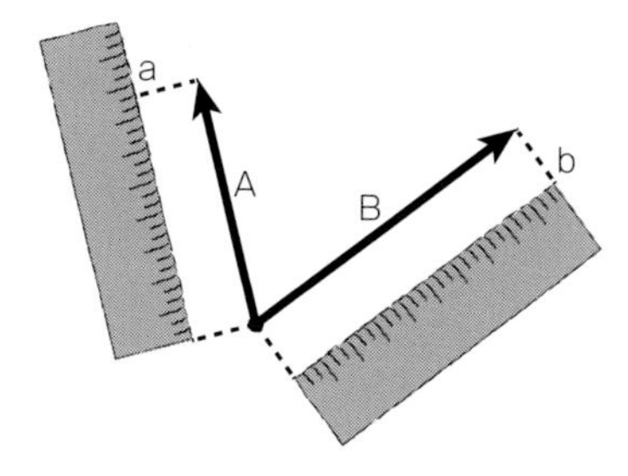

デザイン的評価

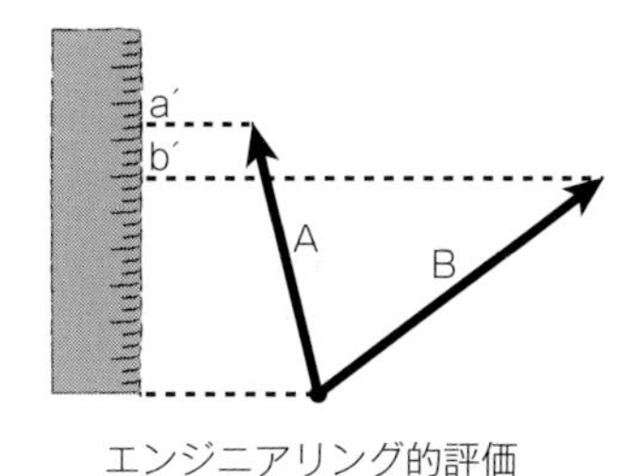

エンジニアリング的評価

図 -5.3　評価の違いのイメージ図

現在では土木エンジニアリングの教育の中でも，問題発見能力の開発が多く取り組まれるようになってきた。まちづくりなどの俯瞰的な視点が求められるようになってきたことも，その背景にあるのかもしれない。このため，ふたつのアプローチを使いこなせる人材がますます増えていくことが期待される。

橋をつくる行為には，示方書などのルールブックに示された「ものさし」を満足する能力が求められる一方で，諸条件を丹念に読み解きながら，閃きを重ねて到達した自らの答えが正しいかを立証していく能力も求められる。その能力を意識的に育み，融合していくことは，現代社会を真に豊かなものとするために，きわめて大切であると考えられる。むしろ，そこに橋のデザインの最大の面白さがあるといえるだろう。

5-2　インフラストラクチャーを取り巻く環境の変化

（1）インフラストラクチャーのイメージの変遷

ここまでは日本のインフラストラクチャーのデザインが内包する構図について説明してきた。それは，時代の必然性によって育まれてきたものであろうが，変化し続けている社会全体のスケールで見た場合には，現在の位置付けが相対的に大きく揺らいでいると考えられる。デザインの価値を決定づける要因には，ユーザーたる一般市民の価値観がきわめて大きな存在となるため，現代日本における土木のイメージの変遷[2)]について，簡単に触れておく。

経済や社会全体が成長しているときには土木事業が強く推進され，必然的に優秀な人材が数多く集まる。日本においては1960～70年代にそうした時期が訪れた。高度経済成長とともにインフラ整備の需要が急拡大したのだ。その後の1980～90年代初頭にかけては，無自覚な後退局面に突入し，環境問題や政治不信などネガティブな印象が蓄積された。さらに，3K（きつい，汚い，危険）が流行語となり，ゼネコン汚職問題が大々的に報じられるなど，土木のイメージは急速に下がっていった。そして，阪神高速の橋脚が横倒しになった1995年の阪神・淡路大震災の発生は，壊れないはずのものが壊れるという現実を突きつけられ，土木のイメージがマイナスに転ずる要因になったと考えられる。その後は建設投資額が減少し，土木業界全体が縮小していった。

（2）社会とのコミュニケーションのかたち

土木のイメージが低下する一方で，それを引きずらないフラットな視線も少しずつ芽生えてきた。2000年代後半から，ダム，水門，鉄塔，工場などのインフラストラクチャーに対して，感動体験や面白さというまなざしが向けられ，鑑賞対象としても認知されるようになってきた。2011年の東日本大震災では被災地に支援物資を搬送するために素早く道路を復旧するなど，土木が果たしている基本的な役割が顕在化し，多くの人が意識を向けるようになった。その後も異常気象が引き起こす自然災害の映像が共有されるようになり，土木に対する市民の理解も深まってきたといえる。

その背景には，人々の活動を支えているインフラストラクチャーへの暗黙の期待があるようだ。社会のフェーズが変わるごとに人々の潜在的欲求が「安全」から「安心」，さらに「快適」へとシフトしたが，同時に人との心理的距離が遠くなってきた。この実態が見えにくいことへの反動から，リアリティを求める欲求が生まれ，期待感が高まっているのだろう。それに加えて，情報化の加速や価値観の多様化などの社会環境の変化も後押ししていると考えられる[3)]。

2010年代中頃からは「インフラツーリズム」という形で，ダムや橋などの土木構造物や，砂防や治水などの防災システム，各種の工事現場などをコンテンツとする体験型・交流型の観光形態が模索されるようになった。そもそもインフラストラクチャーは，地理的環境に起因する地域特有の課題に個別に対応してつくられるため，時代背景や地域社会の影響を大きく受ける。つまり，地域の成り立ちを深く知るきっかけになり得るのだ。土木行政や建設業界にとっては，これまでのやり方では充足できていなかった社会とのコミュニケーションを見直す機会ともなっている。

数あるインフラストラクチャーの中でも，橋という土木構造物はやや特殊な位置にある。古今東西の都市において重要な橋がシンボル的な存在として認知されてきた。視覚的には景観の主対象となり，身体的には空中を移動するという体験が得られる場所となり，意味的には隔絶された場所をつなぐ特別な存在となる。つまり，橋は複雑化する社会のコミュニケーションをつなぎ直す象徴になり得るのだ。現在，橋がどのような役割を担っているのかを考えるために，先人が論じてきたことを手がかりにしながら，いくつかの事例を見ていく。

5-3　歴史的名橋に見るデザインの拠り所

（1）　構造芸術のとらえ方

近代技術により生み出された土木構造物の理想的なありようについて，ビリントンはEfficiency（効率性），Economy（経済性），Elegance（優美さ）の「3つのE」の理念が高次で統合されて生まれる「構造芸術」を論じている。それは，近代以前から続く絵画や建築という古典的な芸術様式の潮流とは区別し，産業革命を源流とする民主主義の伝統として位置付けている[4)]。

そもそも橋の建設はその時間的・空間的スケールの巨大さや社会的役割のため

に，天然資源や公的資金を最小限まで節約することが大前提であり，現代においてもあらゆる関係者が注力している。つまり，効率性と経済性の２つは広く共有されている価値観といって差し支えないだろう。

ところがエレガンスを含む考え方は，必ずしも共有されているわけではない。ビリントンは熟練した偉大な橋のエンジニアについて，「彼らの美についての著作は，彼らが単に効率性と経済性という科学的，社会的基準のみに基づいて設計したのではないことを明らかにしている[4)]」と指摘している。シュライヒは「形態に一致した構造と経済性の両立は，機能とデザインの調和に匹敵するテーゼである[5)]」として，橋のエンジニアが持つべきエレガンスへの姿勢を述べている。さらに，春日は粋や雅を含む概念としてStructural Eleganceを挙げ，その実現のために「橋の場合は機能美，構造美，造形美の順でプライオリティーをつけるのがよい[6)]」と述べている。

エンジニアとエレガンスの関係について，レオンハルトは「一般に技術者は技術教育しか受けておらず，形良くつくるための美しさの基本に関係したことを学んできていない[7)]」と述べ，杉山は「強度と経済性の枠組みの中で，合理性の追求が設計の主要部分を占めるようになった今日では，橋梁技術者の情熱が伝わってこない，無味乾燥で没個性的な橋も多くみかける[8)]」と述べている。社会におけるコストのとらえ方は時代や技術によって大きく変わるうえに，エレガンスの価値観も変化していると考えられる。計画・設計・施工に用いるツールは急速にデジタル化するとともに，エンジニアリングが高度化し専門化するにつれて，統合的観点が損なわれていることも散見される。また，ビリントンが構造芸術を論じた頃には顕在化していなかったであろう，より複雑化した社会において，構造芸術の理念が共有され得るかという観点も不可欠である。

現在も上記の課題は山積しているものの，エレガンスへのまなざしはずいぶん前進してきたように感じることもある。ここで，あらためて構造芸術の要件を満たすと考えられる歴史的に著名な事例を見ることで，橋が有する魅力とそのデザインの理念を再確認することは，重要な学びとなろう。そこで，古典的な３つの事例を取り上げ，拠り所となるとらえ方を概観したい。

(2)　エッフェルが描いた三日月<ガラビ橋>

フランスのギュスタフ・エッフェルが設計と施工を手がけたガラビ橋（**写真-5.1～5.3**）は，パリのエッフェル塔が完成する5年前の1884年に架けられた，現役の鉄道橋である。軽量なトラス桁を支持する三日月型アーチの基部にヒンジを用いることで経済性を高め，風荷重に抵抗する裾広がりの三次元的な造形になっている。強弱のある錬鉄の部材で全体が構成されており，繊細な工芸品のようなエレガンスさを有する，装飾に依らない構造形態を獲得した。

エッフェルは先に発達したイギリスの経験主義による構造物よりも信頼できる

写真-5.1　側方から眺めると，谷を跨ぐ三日月型アーチが際立っている

写真-5.2　基部に行くほどアーチの幅が広がっている

写真-5.3　検査路の梯子に至るまで，すべての部材が統合的にデザインされている

として，科学的理論に基づくアプローチを取ったことをビリントンは指摘している[4)]。そして，ビリントンが掲げる「3つのE」を高い次元で体現した事例になっている。産業革命を代表する素材である鉄を用いたこの橋の成功は，時代の象徴と言えるエッフェル塔に結実した。

（3） 材料由来の構造フォルム＜サルギナトーベル橋＞

スイスのロベール・マイヤールにより1930年につくられたサルギナトーベル橋（**写真-5.4～5.7**）は，アルプス山中の深い渓谷の先にある小さな村をつなぐ，

写真-5.4 RCコンクリートの探究により，エレガンスな構造フォルムが生まれた

写真-5.5 アーチリブの上を歩き，隅々まで観察することができる

写真-5.6 アーチリブの断面は徐々に変化し，印象的な造形となっている

写真-5.7 橋のたもとには，支保工の図面や写真が掲示されている

スパンが 90 m，幅員が 3.5 m の橋である。3 ヒンジアーチ構造とすることで，自由な回転変形を可能として一切の無駄を削ぎ落としたかのようなミニマルで洗練されたフォルムを獲得した。

それは，ようやく石材の呪縛から脱して最初に到達した鉄筋コンクリートの構造と施工方法による新しい形態であり，各方面で賞賛されている。そのアイデアはマイヤール自身が 1905 年に実現した橋を，さらに改良したものという。また，当時は必ずしも構造システムや芸術性だけが認められたわけではなく，経済性に優れていたためであることを小澤は指摘している[9]。

なお，橋詰めにある案内板には深い谷に構築された支保工の図面と写真が展示されている。そして夏場には，複数ある視点場にトレッキングやサイクリングで立ち寄る人が常に橋を眺めており，地元の人々に愛されている橋であることが感じられる。

(4)　最小の材料から生まれたエレガンス<アリオスの水路橋>

スペインのエドゥアルド・トロハによるアリオスの水路橋（**写真 -5.8〜5.10**）は，スペイン内戦によって国力がきわめて疲弊していた 1939 年，新たな農地開発のためにつくられた。特徴的な X 字型の橋脚は「水路を挟み込むような形で支持し，補強する役割を果たしている[10]」という。構造的にバランスの取れた 1:2:1 のユニットを連続させつつ，上縁部に配置された軸方向のケーブルや，断面方向のターンバックルによってポストテンションが導入され，ひび割れによる漏水が抑止されている。このような工夫が随所になされることで，U 字断面の水路はきわめて薄くつくられている。

トロハの作品はマドリード競馬場（サルスエラ競馬場）の鉄筋コンクリートによる片持ちの屋根などが有名であり，やはり材料の最小化や構造の合理性が特徴といえる。川口は経済性に関するトロハへの言説として「限られた予算の中でなんとか計画を実現しようとする懸命の努力の中から，しばしば優れた構造のアイデアが出てくるのだ[10]」と述べており，強力な制約が新たな技術や価値を生み出すという事実が伺える。

写真 -5.8　材料のボリュームがきわめて少なくなるように随所に工夫が施されている

写真 -5.9　ターンバックルなどの漏水を避ける構造システムが採用されている

写真 -5.10　水路の両天端部には橋軸方向にケーブルが埋設されている

5-4　拡張する橋の役割

(1)　社会を接続する装置

これまで述べてきたように，橋のデザインの完成度を高めるための基本的な理念はすでに多くの人たちによって論じられ，実践されてきた。しかし，その価値観をすべてのエンジニアが共有しているわけではないことも事実である。さらに，近年の橋梁建設では人や車などを通すという単純な目的だけではなく，街のアンカーポイントになること，来訪者を呼び寄せる場になること，国際競争力を示すことなど，あらかじめ複合的な役割を担うケースも顕著に表れてきた。具体的な物体である「ヒト」や「モノ」だけでなく，意味を示す「コト」を接続することも，あらためて明確に橋の役割の中に組み込まれるようになったともとらえられる。

それは，透明性の確保や価値観の多様化など，ますます複雑化する現代社会においては必然的な潮流と考えられる。つまり，社会の流れを読み解く姿勢もこれからの橋づくりには不可欠といえる。そのヒントになると思われる，複合的な役割を担う国内外の事例をいくつか挙げる。

(2)　地域文化への貢献<ミヨー橋>

2004年に完成したミヨー橋（**写真-5.11～5.14**）は，世界一高い橋として知られている。長きにわたって渋滞を引き起こしてきた幅の広いタルン渓谷を，一気に跨ぐという巨大プロジェクトである。資金調達の手法が大きな特徴であり，BOT方式（PFIの一種）によって建設・運営されている。そのため，社会的な

写真-5.11　数多くの交差条件を乗り越えつつ，均等な支間割を実現している

写真-5.12　高速道路のサービスエリア内の視点場からも眺められる

写真-5.13　走行車両からは，幅が広い渓谷を跨ぐ様子が体験できる

写真-5.14　細部に至るまで丁寧な造形が施されている

合意形成を目的化した広報戦略やイベントなどが行われ，橋自体を目的とする観光客が増加するなど，地域経済の活性化にも直結している。

均等な支間割の8径間連続斜張橋であり，縦断線形は一定勾配で北側に下り，平面線形は緩やかに一定のカーブを描いている。温度変化に追従する二枚壁の橋脚や風をいなす鋼箱桁断面など，随所に洗練された造形が与えられている。巨大なスケールでありながら，きわめて整ったプロポーションやフォルムである。架設においては，仮支柱を設置したダイナミックな送り出し架設や，鋼製主塔を運搬後に 90 度回転させるなど，工期を短縮するための特殊な工法が採用された。

春日は地域を巻き込んだ運営手法を高く評価している[11)]。また，佐々木はミヨー橋の景観や橋梁建設にまつわるエピソードについて，「文明装置として必要な道路がとびきり美しくつくられたと言うよりも，道路建設自体が文化事業であることを実感した[12)]」と述べている。これらのことから，いかにして地域文化に貢献できるかという指標も，橋の評価に求められるようになってきていると考えられる。

（3） 新たな公共空間の創出＜太田川大橋＞

広島のデルタ地帯を水害から守る太田川放水路の河口近くに，厳島のシルエットに呼応するような二連の白いアーチが特徴の太田川大橋が架かっている（**写真-5.15～5.18**）。2014 年に完成したこの橋は，PC 連続箱桁のラーメン橋を鋼アーチで補剛した複合的な構造とすることで，スレンダーなフォルムを獲得している。

広島市は地域のシンボルとなることを目指して国際設計競技を実施し，そのプロセスで応募作品の展示や公開プレゼンテーションが行われたという[13)]。透明性が高いプロセスによる競争を経て，魅力的な公共空間の創造と価値を最大化する橋梁設計の可能性が切り拓かれた。さらにこの橋は，やや不合理な条件をクリアしている。高速道路に平行する一般国道の将来計画のために，自転車歩行者道を撤去できる構造にするとともに，想定された国道橋と同じ位置に橋脚を合わせているのだ。

写真-5.15　上流からの眺めは，遠景の厳島に呼応するイメージで計画されている

ヒューマンスケールへの配慮が行き届いた自転車歩行者道の快適さに

写真 -5.16　トラスのアーチリブには，透過性とともにシャープな陰影が現れる

よって，豊かな景観体験が強化されている。それは，歩車が分離された道路構造，河口への眺望，橋上の滞留空間，周辺の土地利用に整合する堤防への接続などが生み出した，新たな公共空間である。架橋環境を的確に読み，構造フォルムや道

写真 -5.17　さまざまに複合する条件を，破綻することなく統合的に解いている

写真 -5.18　撤去可能な歩道部は，新たな公共空間をつくり出している

路付属物とともに統合的にデザインされた結果といえる。

(4) 人を呼び込むための装置<ヴァッサーファール橋>

ヴァッサーファール橋（**写真-5.19～5.22**）は，アルプスの渓谷に架かる橋長18mの石造アーチの歩道橋である。薄い石材の上に配したステンレスのプレートにポストテンションを導入して実現した信じがたいほどにミニマルな外観は，周辺のダイナミックな自然環境に溶け込んでいる。雪解け水から受ける飛沫の影響を最小化し，急激な温度変化にも追随で

写真-5.19　渓流の滝が見える狭隘部に，ヴァッサーファール橋が架かっている

写真-5.20　渓谷とミニマルな橋とのコントラストが，印象的な景観を生み出している

写真 -5.21　高欄基部のステンレスプレートが石材にストレスを導入している

写真 -5.22　ステンレスプレートと石材は，丸鋼で接しているのみである

き，大型重機が使えない環境で施工できる材料と構造フォルムは，紆余曲折を経て実現したものだという[14]。

山岳リゾート地のフリムスを流れるフレム川を主役とする2013年にオープンしたトレッキングルートの中に，自然の渓流の表情を満喫できるように，創意工夫に満ちた7つの歩道橋が整備された。この橋はそのうち最大のものである。橋上からは高さ約10 mの滝の眺めを至近距離で楽しむことができるとともに，橋と渓流をセットで眺める場所もしつらえられている。

厳しい制約条件が新たな構造形態を生み出すとともに，視点場のしつらえが橋の価値をより高めていることが確認できる。なおこのトレッキングルートは，2014年にスイスの優れたハイキングトレイルを表彰するPrix Rando賞を授与している。フリムスは積極的にこれらの橋梁群を広報に用いており，橋が人を呼び込むための装置として機能している。

(5)　積層する時間をつなぐ橋<ティンタジェル城歩道橋>

2019年に完成したティンタジェル城歩道橋（**写真 -5.23～5.26**）は，一見するとアーチ橋に見えるが，両側の岩盤に定着されているキャンチレバーが迫り出した構造である[15]。橋の両側は重要な遺跡になっており，文化財保護の対象という厳しい条件が課せられている。それをクリアしながら，軽快感や透明感に満ちたきわめて現代的な構造形態を実現している。

架橋地点はアーサー王伝説の重要な舞台とされ，海岸段丘が織りなす景勝地を含めて人気がある観光地である。13世紀に築かれたティンタジェル城は，かつては尾根道でつながっていたが，一部が浸食作用により崩落して分断されたという。その歴史的な場所が現代の架橋技術によって再編集され，時代を超越する体験が得られるようになった。

写真-5.23　かつての尾根道が失われた箇所に，新たな歩道橋が架けられている

　この橋は維持管理の手間が大きいことが推察される。運営者は文化遺産を保存・活用する政府系団体のイングリッシュ・ヘリテージである。手厚い管理を前提とした仕組みがあらかじめあるからこそ実現した歩道橋といえる。

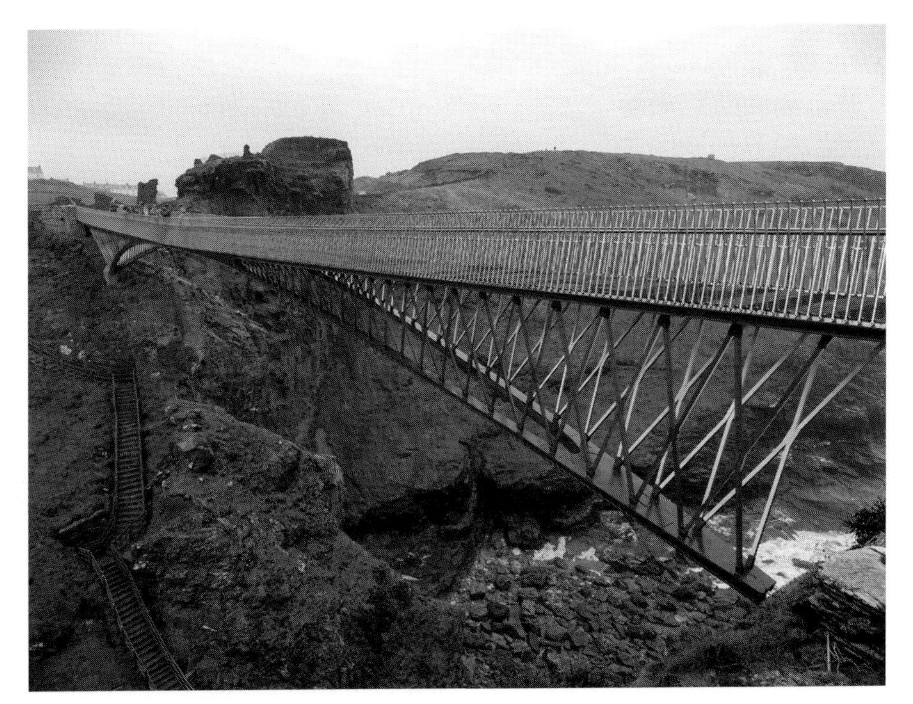

写真-5.24　工場で製作されたユニットが，クレーンを用いて現地で組み立てられた

写真-5.25　一見するとアーチに見えるが，中央部で構造が分離している

写真-5.26　舗装や高欄などの細部も，きわめて手が込んでいる

橋を架けるという行為が，隔絶した場所をつなぐだけでなく，過去と現在をつなぐという意味も付与している。もともと人気がある観光地の価値を，この歩道橋がさらに強化するだろう。

（6）街の核になる場<出島表門橋>

鎖国時代の西洋との唯一の窓口であった出島は，小さな石橋1つでつながれた人工島だったが，明治期には周辺が埋め立てられ，島の面影はなくなった。出島表門橋（**写真-5.27～5.30**）は2017年に架けられたが，復元されたのは石橋のイメージではなく，渡る人の体験そのものである。

この橋は史跡である出島に荷重がかからないよう，公園側の橋台をカウンターウェイトとするキャンチレバー構造になっている。その不思議な形状は，死荷重時と活荷重時のモーメント図の重ね合わせに由来している。橋は遠目には気づかれないほど目立たず，日本の伝統建築に調和する風情を生み出し，出島という特別な場所の価値を高める装置となっている。

写真-5.27　遠景でからは背景に溶け込むほど，控えめな存在感になっている

プロジェクトを通じて，橋と市民とのつながりがしだいに強くなって

写真 -5.28　出島側を保全するために，キャンチレバー構造が採用されている

いったことも大きな特徴だ。工事現場の仮囲いや桁の運搬と一括架設のイベント化など,「架橋をまちのお祭りにする」ための企画が実現した[16)]。現在継続的に行われている取り組みのひとつに，文字通りこの橋を拭く「はしふき」が行われている。実際に手で触れることで，当事者意識のスイッチが入る。

写真 -5.29　水平方向のスティフナーや細かい高欄が，豊かな表情を生み出している

写真 -5.30　維持管理の手間が市民の活動と結びつき，地域活動の核となっている

このように価値を共有することで何かを生み出す取り組みは，新しいインフラ維持管理のあり方をも示唆している。そして,「じぶんごと」の風景が地域づくりの原動力になっている。

5-5　橋の価値を育むために

本章では，橋を含むインフラストラクチャーのデザインを俯瞰的に眺めることで，そのとらえ方を考察した。そして，ビリントンによる構造芸術の概念を踏まえて，古典的な名橋や近年話題となっている事例を取り上げることにより，現代の橋の役割をあらためて考える素材を並べた。

これらの事例の多くはやや欧州に偏っている。筆者の個人的な体験が大いに影響していることはもちろん，近代橋梁の発生にかかわる産業革命が内側から起こった地域と，外側から導入した地域という違いが無意識的に反映されたのかもしれない。このことについて，増渕は「今日ではもはや，技術力という点では先進国の間にさほどの差はないにもかかわらず，魅力的な橋を生み出し続けている世界の中心はいまだにヨーロッパなのである[17]」と述べ，欧州のエンジニアの間では師弟同士のやりとりにも似た「設計思想」がレガシーとして受け継がれていることに着目している。

もし日本の橋梁設計において，設計思想のリレーが滞っているならば，一時期の日本の土木工学教育のありようも大いに影響していると考えられる。戦後復興にはじまる経済成長期において，少ない予算でスピード感を持って「いかにつくるか」という課題解決の能力を重視する一方で，社会のありようを論じる「なにをつくるか」という問題発見の能力開発が後手にまわっていた時期が長くつづいたのではないだろうか。国土づくりをシステマチック，かつ，スムーズに動かすために，具体的な行為に直結する設計基準を拠り所とすることに注力し，あえて抽象的思考を経てたどり着く設計思想を拠り所にしてこなかったのではないだろうか。

現在の橋梁建設の目的は単純なものではなく，ますます複合的になっている。複雑化する社会のからの要請，その社会に開かれた透明性，利用者の視点や主体的体験も包含したアプローチ，国際競争という観点など，解くべき課題は多方面にわたって存在し，正解は関係者が自ら設定していく姿勢が必要になるだろう。現に，一部の土木工学教育の中では，まちづくりを基軸としながらその姿勢を持つ多くの人材を輩出するに至っている。近年では設計競技のためのガイドライン[18]が設けられるとともに，いくつかの自治体で創造的な橋づくりの取り組みが活発になってきたことは必然といえる。その流れを加速するためにも，個人単位で市民感覚を保ちながら橋の役割を考え続け，先人たちがつくってきた設計思想をあらためて受け止めて更新していく必要がある。

その上で，橋の設計に携わる人たちには，ぜひとも実践していただきたい姿勢がある。目の前のエンジニアリング的課題だけでなく，歴史を縦軸，地理を横軸にする感覚で，地域や都市の文脈を読み解く視点を意識して，隠された課題を発見してほしいのだ。明確な正解がないだけに，不安な気分になることもあろうが，さまざまなことを徹底的に観察しながら，豊かな景観体験と実務体験を繰り返すことで，個人の能力を高めていってほしい。

◎参考文献

1）杉山和雄：機能の内部機構と外部機構，Designシンポジウム2006講演論文集，No.06-5，日本機械学会，2006
2）土木学会誌1月号特集担当班「Team-Media」：土木のイメージ変遷年表，土木学会誌，Vol.99，No.1，2014
3）八馬智：ドボク趣味の形成と位置付け，土木技術，68（1），2013
4）David P . Billington 著，伊藤學 ほか監訳：塔と橋 構造芸術の誕生，鹿島出版会，2001
5）ドイツ鉄道 編，J.Schlaich ほか著，増渕基 訳：鉄道橋のデザインガイド ドイツ鉄道の美の設計哲学，鹿島出版会，2013
6）春日昭夫：橋のデザイン（設計）を考える，structure，No.154，日本建築構造技術者協会，2020
7）F.Leonhardt 著，田村幸久 監訳，三ッ木幸子ほか 訳：ブリュッケン　F. レオンハルトの橋梁美学，メイセイ出版，1998
8）杉山和雄：橋の造形学，朝倉書店，2001
9）小澤雄樹：20世紀を築いた構造家たち，オーム社，2014
10）E.Torroja 著，川口衞 監修・解説，IASS2001 組織委員会 訳：エドゥアルド・トロハの構造デザイン，相模書房，2002
11）春日昭夫：エッフェル塔をしのぐ構造物 世界で一番高いところを走るミヨ高架橋，土木学会誌，90（8），2005
12）佐々木葉：土木デザインの時代性と価値，土木学会論文集 D3（土木計画学），67（5），2011
13）二井昭佳，椛木洋子，西山健一，岡村仁 ほか：広島南道路太田川放水路橋りょうデザイン提案競技の概要と選定案の特徴，景観・デザイン研究講演集，No.6，土木学会，2010
14）増渕基，八馬智：橋で人を呼びこむ　欧州アルプスの橋梁デザイン，橋梁と基礎，5（110），2017
15）English Heritage：TINTAGEL BRIDG　https://www.english-heritage.org.uk/visit/places/tintagel-

castle/tintagel-bridge/
16）渡邉竜一：出島表門橋　領域を横断する仕事，structure，no.154，日本建築構造技術者協会，2020
17）増渕基：受け継がれゆくエンジニアの創造性 なぜヨーロッパでは魅力的な歩道橋が生まれ続けているのか，橋梁と基礎，45（5），2011
18）土木学会建設マネジメント委員会公共デザインへの競争性導入に関する実施ガイドライン研究小委員会：土木設計競技ガイドライン・同解説＋資料集，土木学会，2019

第6章
橋のコンセプチュアルデザイン

春日 昭夫

郡界川橋（構造的工夫により橋長 740m の連続ラーメン化を実現）
http://library.jsce.or.jp/jsce/open/00035/2009/64-cs/64-cs13-0008.pdf

6-1　橋梁デザイナーとは

技術の要は「課題発見」にあり，設計の要は「課題解決」にある。創造性を持って，いかにスマートな，いかにエレガントな，そして，いかに持続可能な解を導き出すかが重要であり，それは，力の流れがいかに単純であるかにかかっている。デザインビルドで2006年に群馬県嬬恋村に建設した青春橋（**写真-6.1**）を見るために，ドイツ人を案内したことがある。この橋は縦断勾配の制限，V字谷を跨ぐ60mの単支間，永久アンカー使用不可，など難しい制約条件が付いていた[1]。特殊な架設方法と構造形式でこの制約条件をクリアーし，工事費は三番手であったが，技術点で逆転して受注した思い出深い橋である。設計，施工などを説明した後,「あなたは橋梁エンジニアではなく橋梁デザイナーだ。」といわれた。橋の設計をトータルで考えているのでデザイナーだ，と。それまで海外の人には自分を橋梁エンジニアと紹介していたが，それ以来橋梁デザイナーに変えた。

筆者は橋の設計・施工に携わる機会に数多く恵まれたが，橋梁は最適解をどうやって導きだすべきか，という命題について長い間考えてきた。日本は設計，デザインの定義が曖昧である。そして，高速道路の橋や一部のデザインビルドを除いて，設計と施工が分業のため，建設される橋がはたして最適な解なのかどうか,疑問に思うこともある。また，橋に取り付く排水装置は「付属物」と呼ばれ，あまりエネルギーが注がれないことがしばしば起こる。しかし，橋のコストのほとんどが設計段階で決まる[2]ことを考えると，橋をトータルで設計することが重要であり，与えられた制約条件でいかに創造性をもって解決するのかが問われる。以下，筆者の考える橋のデザインの在り方を述べることにする。

写真-6.1　青春橋

6-2　橋のデザインプロセス

まず筆者が考える橋のデザインの定義を明確にしたいと思う。**図-6.1** に構造物のライフタイムを考えたフローチャートを示す。デザインとは制約条件，要求性能の設定から性能照査までをいう。そして，とくにコンセプチュアルデザインが重要で，設計のほとんどがここで決まる。コンセプチュアルデザインは制約条件が厳しいほど難易度が上がるが，経験のあるデザイナーであれば，紙と鉛筆があれば事足りる。しかし，現在の橋の設計には，このコンセプチュアルデザインが欠けている。そして，これは日本だけの問題ではなく，世界的な傾向なのである。本章の最後の部分で詳細を述べるが，過去の偉大な橋梁デザイナーたちは，このコンセプチュアルデザインがしっかりと考えられていて，独創的な構造や施

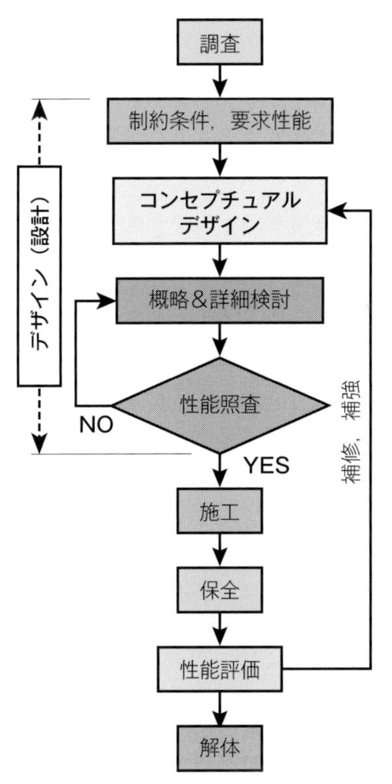

図-6.1　ライフタイムを考えた構造物のフローチャート

工法を生み出していった。ではこの大事なコンセプチュアルデザインが成功するためには何が必要なのであろうか。

（1） 制約条件と性能にかかわる要求事項

要求性能は基本的には基準で規定される，供用性，安全性，耐久性，経済性，維持管理性などがある。そして，性能の限界状態が明確になっていて，一般に数式で限界状態よりも小さいことが確認される。一方，制約条件はプロジェクトごとに事業者から示されるもので，急速施工，低環境負荷，最小コスト，曲線の線形，社会活動に対する影響の最小化，構造の軽量化，維持管理の最小化，等があり，社会的状況や周辺環境などによって提示される。制約条件は，数式で表すことができないものや，限界状態の設定が難しい場合が多いが，制約条件は多ければ多いほど，コンセプチュアルデザインでの最適化が重要になる。

（2） コンセプチュアルデザイン

コンセプチュアルデザインはデザインのプロセスで一番重要なものである。これは建築でいう抽象的な「コンセプト」とは違い，構造の材料や施工法を決定し，制約条件と性能にかかわる要求事項を満足するように，設計者の経験に基づいた橋に対する思想や哲学を注ぎ込む瞬間である。そして，橋のコストのほとんどはこのコンセプチュアルデザインで決定するといっても過言ではない。コンセプチュアルデザインには精緻なソフトウェアや分厚い基準は必要ない。このことは，コンピュータのない時代の過去の偉大な橋梁デザイナーたちが優れた橋を多く残していることからも，真理である。そして，この後の構造検討や性能照査は，いわゆる「後処理」なのである。

デザインの要は，「課題解決」にある。そして，創造性を持って，いかにスマートな，いかにエレガントな，いかに持続可能な，解を導き出すかである。「Simple but elegant」がコンセプチュアルデザインには求められる。

（3） 構造検討と性能照査

設計体系は許容応力度法，限界状態設計法，そして性能設計と進化してきたが，いずれの場合も先に示したフローチャートは変わらない。構造検討と性能照査の部分において，おのおのの設計法で与えられた機能に対して付与した性能が満足するものであるかどうかを照査する式にいろいろなフォーマットがある。そのひとつを以下に示す。

$$\gamma Sd/\phi Rd \leqq 1 \quad (1)$$

分子は荷重係数γをかけた荷重の組み合わせ，分母は抵抗係数ϕをかけた構造の強度である。構造検討と性能照査をもって「設計」といわれる場合があるが，これらは本来のデザインの一部に過ぎないことを認識する必要がある。

（4） 橋のライフタイムマネジメント

設計者は，コンセプチュアルデザインの重要性を十分認識し，積極的に性能を創造したオブジェクトを建設することを心がけなければならない。施工者は，施工時の品質管理がその後の構造物の性能に大きく影響を与えることから，性能にかかわる要求事項の実現のほとんどが，施工という過程で確保されるということを認識する必要がある。また，保全を行う管理者は，構造物が設計で付与された性能における要求事項をきちんと満足しているかを診断するとともに，とくに耐久性が確保されているかについての点検が重要である。創造された性能を検証する過程は，この保全に限られ，得られた知見は記録として残される。そして，必要に応じて将来の同種の構造物のために，設計，施工にフィードバックすることが重要であることを心がける必要がある。既設構造物の評価と補強・更新は，この保全がきちんと実施されて初めて可能になる。

6-3　橋の美の三要素

欧州の橋梁デザイナーたちはよく「Structural Elegance」を口にする。そして，その意味するところはどうも「優雅」という日本語よりも広い意味を持っているようなのである。建築では，ローマ時代からの用，強，美が建築の三要素だといわれてきた。どちらかといえば，この概念に近い意味がある。橋の場合は，機能美，構造美，造形美の三要素があり[3]，それぞれが用，強，美に対応するのではないかと考えている。そして，これらの要素はそれぞれ重要であるが，橋の場合は，機能美，構造美，造形美の順でプライオリティーをつけるのがよいと思っている。以下，橋の美の三要素について述べる。

（1） 機能美（用）

初めに機能美である。橋の場合，一番重要な機能は設計耐用年数中に車両や鉄道などを運ぶということであるが，橋の見え方も機能の一部だと考えることができる。文献4）には高架橋の橋脚の間隔を，そのロケーションによってどうやったら美しく見えるかが解説されている（**図-6.2**）。まず，支間割は奇数にして中央に橋脚を建てない。そして，支間長が橋脚高さの1.5倍より大きくなる扁平な谷では等間隔も可能であるが，V字谷では空間の対角線の傾きがほぼ同じになるように，支間長を端部に行くほど短くするのがよいとしている。このように橋が美しく見えることに気をつけて支間割を決めることも，機能美を追求する上で重要だと考える。また，最近ではいかに環境に負荷をかけないで施工するかという点も注目されてきており，これも機能美のひとつとして考えることができる。

機能美は，その必然性を説明できることが重要であり，一方で，周辺環境と調和する構造物をイメージできなければならない。して，機能美の追求には非常に高度なスキルが必要である。

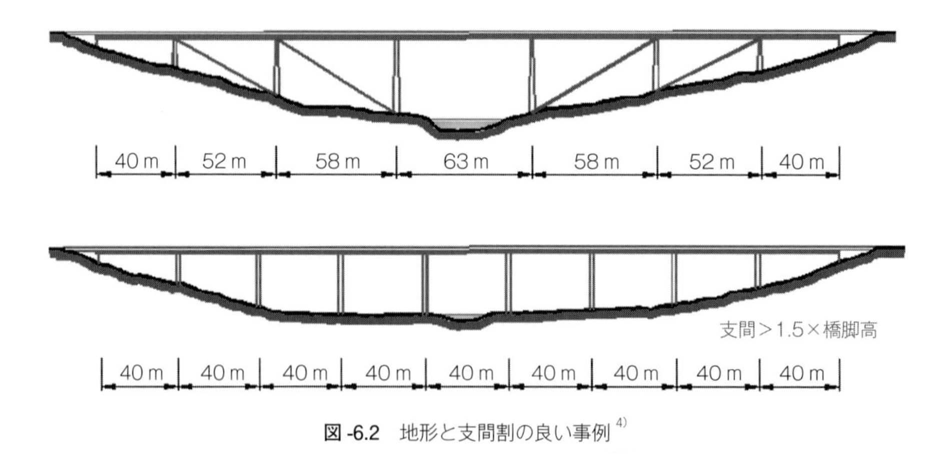

図-6.2　地形と支間割の良い事例[4)]

(2) 構造美（強）

構造美と称賛される橋を設計することは，設計者にとって醍醐味のひとつだといえる。6－8で述べる橋は，いずれも構造美の典型である。構造美は力の流れが明快で，力が最短距離を通って伝達されることで，部材に余計な曲げモーメントやせん断力を発生させない。そして，橋梁デザイナーが見れば，説明がなくとも構造美を通してその哲学や思想が読みとることができる。構造美は，プロにはごまかしのきかないものなのである。

(3) 造形美（美）

最後は造形美である。この造形美だけを持って「Structural Elegance」を語る場合が見受けられるが，あくまで主役は先に述べた機能美と構造美であり，造形美は脇役であると考える。コストを度外視して造形美だけを追求したり，日本独特の「景観デザイン」という領域だけではStructural Eleganceを実現することは難しい。造形美が一番主観的で，民族の違いや気候，風土などの要素が複雑に作用する。日本人には日本人特有の美意識があるが，橋の造形美に関してはラテン民族にかなわないと思うときがある。6－8に示すスペインの橋は，いずれも構造美を追求しながらも造形美もしっかり考慮されていてバランスが良い。

造形美は個人的な好き嫌いがあり，主観も入りやすい。そして，国が異なっても橋梁デザイナーに共通してわかり合える機能美や構造美と違い，風土や民族が持つ特有の感覚が造形美に影響を及ぼす。適切な造形美は，多くの事例に接してひたすら感性を磨くしかない。しかし，それを磨くためには構造的なバックグラウンドがあることが大前提になる。造形美を重視しすぎた結果，機能美や構造美が損なわれることのないように心掛ける必要がある。

(4) Structural Eleganceとは

Structural Eleganceとは，日本的にいうと「粋」で「雅」な構造物であることだと考える。雅とは「ものの趣を解し，気高く，動作も優美なこと」である。粋で品格を持つということなのである。中国から入ってきた寺社建築は，日本の環境や日本人の感性に合わせて軒の長さが長くなり，そりが小さくなったという。また，柱・梁の接合は貫という釘を使わない構造で，地震力を適度に逃がすいわ

写真-6.2　床版をストラットで補剛した橋

ゆる免震構造である。さらには，土壁は適度な湿気を保つ機能と強度があり，練り直して再利用もできる持続可能な素材である。寺社建築は，木造ながら千年の耐久性を持つものもあり，まさに，機能美・構造美・造形美が組み合わさった傑作といえるのではないだろうか。**写真-6.2**はストラットで張出し床版を補剛した橋の下からの眺めである。筆者はこのような構造が好きで，下から見ると何ともいえない心地よさを感じていたが，これが日本人に刷り込まれたDNAのせいかも知れないと強く思うようになった。ストラットが織りなす規則正しいリズム感が，橋の下からの眺めを引き締め，寺社建築の軒下にいるような安心感を醸しだしてくれる。ストラットによる床板の補剛は，橋の全体重量の低減にもつながる構造的解決方法である。日本の風土にあった構造物を造っていくことが，ひいては日本のデザイン力の強化につながると考える。

6-4　橋のデザインの基本

筆者の考えるデザインの基本は，①解析モデルと実構造物の違いを知る，②構造物の壊れ方を知る，③「創造」し「想像」する，の3つである[5)]。

まず，新しい材料を用いる時の設計のプロセスを考えてみるといい。新しい材料はその特性を特定するため，数多くの強度試験を行い，特性のばらつきを把握し，安全率を考えて，強度に対する制限値を決定する。そして，構造はその材料の制限値を知ったうえで，構造としての破壊実験を行って，限界状態（例えばひび割れ発生限界など）を特定する。このように，新しい材料による構造の挙動を把握して，初めて設計値，つまり解析モデルを決めることができる。材料，構造のばらつきを考慮した安全率を決めて，基準に定められた作用のもとで，性能照査を行うことまでが，デザインである。おわかりだろうか。この中に，先に述べた3つの要素がすべて入っているのである。「創造」と「想像」は最後の安全率の決定で考慮されている。現在の基準は設計法によって細かく規定されているが，基本的にはこの3つの基本を抑えておけば，いかなる場合もデザインが可能なのである。

（1） 解析モデルと実構造物の違いを知る

最近の解析技術の発展には目覚ましいものがあり，非線形のFEM解析がパソコンでできる時代である。しかし，どんなに高度な解析ツールでも境界条件を間違うと正しい解を得られないばかりか，コンクリート自体が非線形材料なので，複雑な構造では結果が正しいのかどうかも容易に判断できなくなる。

橋自体は3次元の立体であるが，昔から2次元の梁として解析されてきて，今でも基本は梁で解く。梁というモデルで設計することで，主応力からxy軸の曲げとせん断と分けて考えることが可能になる。さらに，橋の設計で画期的なことは，橋軸方向と橋軸直角方向を分けて設計するということである（**図-6.3**）。このことによって設計者は設計を理解しやすくなるばかりでなく，コンクリート橋の場合，そもそも鉄筋がこの2方向に配置されるので，補強のやり方も非常に容易になるという利点がある。このような考え方は，非常に簡明で合理的な設計手法なのである。梁によって設計すると，曲げモーメント図やせん断力図を書くことで「見える化」が可能になり，簡単にチェックすることが可能になる。また，橋軸方向と橋軸直角方向という2方向それぞれで別に設計すると，適度な安全側の設計になり，梁モデルでの解析でも十分安全な橋をつくることができる。

梁モデルであろうが三次元FEMモデルであろうが，それらが実構造物を100％シミュレートしていないことや万能ではないことを認識する必要がある。そして，解析が高度化すればするほど，解が正しいかどうかのチェックを簡単に

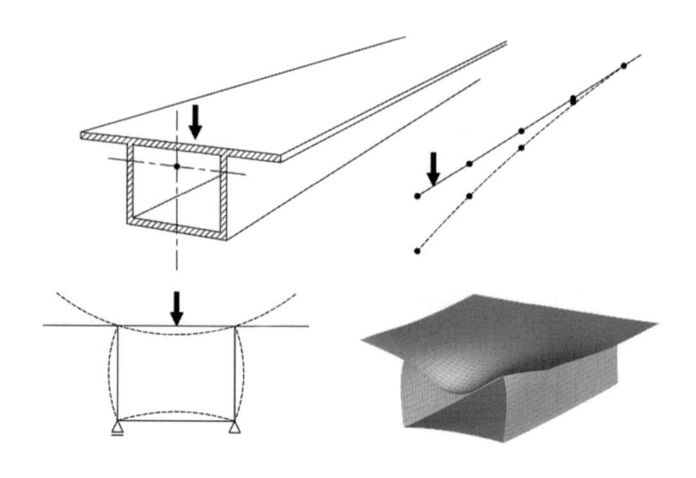

図-6.3　箱桁の橋軸方向（上段）と橋軸直角方向（下段）の解析モデル

行うことも重要である。

（2） 構造物の壊れ方を知る

設計の基本の2つ目は，構造物の壊れ方を知る，ということである。構造物の壊れ方は現在の解析技術ではなかなか正確にシミュレートできない。ファイバーモデルを使ったフレーム構造の全体的な漸増荷重による非線形解析であれば，ある程度精度が得られるが，局部的な破壊を伴う地震時の正負交番載荷などはまだまだ難しい。しかし，橋の設計者として壊れ方を知ることは重要である。普通，構造物は壊れないように設計するが，破壊実験ではこれを見ることができる。したがって，破壊実験に使う試験体の設計は，意図した性能（きちんと壊れること）を得るため究極の設計であるといえる。そして，全体モデルならまだしも，部分的に切り出した要素モデルで破壊実験を行う場合は，境界条件の整合性や載荷の仕方など，創造的な設計をしなければならないことがしばしば生じる。

筆者は，幸いにもいくつもの耐荷力実験や破壊実験，疲労実験を経験する機会に恵まれ，その中で，吊構造の斜材が定着された複合トラスの格点の破壊実験では知恵をしぼった。破壊まで格点の荷重を増加させながら，斜材の張力も増加させるという状況を，全体モデルの非線形解析を元に再現した。その時の切り出しモデルである供試体を**写真-6.3**に示す。この実験で，鋼トラスの定着構造によっ

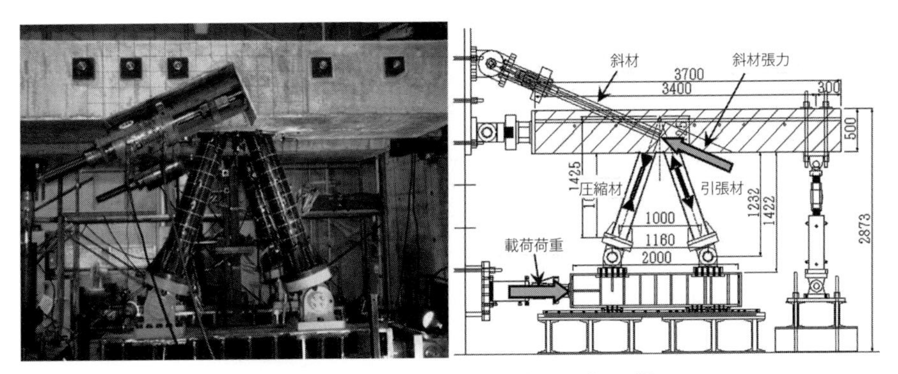

写真-6.3　斜材とトラスの切り出しモデルの例

て格点が剛結ではなくばね結合であることを明らかにし，解析モデルにこのことを反映しなければ実構造物との差が出ることを突き止めることができたのである。このような考え方は，古典的な鋼トラスとは異なるものである。

破壊実験に出会う機会はそれほど多くない。しかし，さまざまなところで破壊実験が行われているので，これに関する報文や論文が出たときはとくに注意をして見るだけでも知識をつけることができる。

(3)「想像」し「創造」する

設計の基本の最後は,「創造」し「想像」する，ということである[6)]。設計で創造力を発揮し，建設後の構造物がどうなっていくか想像力を働かせ，設計に反映するということである。設計時に発揮する「創造」は，構造そのものの性能に対するものや施工の急速化や合理化に対するものがあり，橋そのものの性能は，先に述べた美の三要素を考えながら設計することが肝要である。施工の急速化や合理化は，これも創造力の賜物である。後述するが，フレシネーのプルガステル橋などは，当時の常識をはるかに超えた発想で施工された。

「想像」とは，時間軸に対する性能を想像することである。基本は設計耐用年数の間，基準で規定された機能を全うすることである。橋の機能は全体構造から付属物まで，さまざまなレベルのものがあるが。このうちのどれか一つでも機能が損なわれると，最悪の場合通行できなくなる可能性が生じる。そして，当然のことであるが，橋のライフサイクルでどのような維持管理が行われるのかがわからないと設計者は建設後の性能を想像することができない。筆者が一番衝撃を受けた「橋のその後」とは，連続桁の桁内に引き込んだ排水管の継目がはずれ，桁内が凍結防止材による高濃度の塩水の環境下になっていたという事例である。桁内部が塩水環境になるなどということは，設計時では考慮しないし，まったく想像していない。桁内に排水管を引き込む事例は，景観上の配慮からよく行われているが，排水管の継目の強度は，連続桁の場合，設計で十分配慮する必要がある部位なのである。橋の将来を想像する能力は，維持管理の現場で起きていることを知らないと養われないということである。設計・建設と維持管理の現場のコミュニケーションが鍵となる。

6-5　橋のデザインの本質

競争力のある橋のデザインの本質とは何であろうか。筆者は創造性（クリエイティビティー）だと考える[7]。そして，この本質こそが橋に大きな付加価値をもたらしてくれるのである。既成概念にとらわれない独創的な発想が，競争力のある設計には欠かせない。

創造性のある橋のデザインは，現在は精緻な解析や実験などによってリスク最小にすることができる。しかし，昔の偉大な橋梁デザイナーたちはなぜ独創的な発想を持ちえたのであろうか。フレシネーと同時代にスイスで活躍したマイヤールの RC アーチは 1930 年代の建設だが，いまだにいくつもの橋が現役である。そして，この中のある橋のオリジナルの計算書と 2000 年に補修補強を行ったときの現在の計算書の量の比較が**写真 -6.4** である。簡単な基準しかなく手計算であった時代は，いかに簡略に設計を行っていたかがうかがえる。作用側も耐力側も十分な情報がない時代，設計者が思考をめぐらし，創造力で安全な構造物を

写真 -6.4　1936 年（左）と 2000 年（右）の計算書[8]

造ったのである，その結果，このコンクリート構造物は今なおしっかり働いており，解析技術が比較にならないほど進歩した現在が本当に技術的に優っているのか，と思わず自問してしまうような事実である。偉大な橋梁デザイナーの作品は，創造性のあるしっかりとしたコンセプチュアルデザインの賜物といえる。

テキサス大学のジョン E. ブリーン教授は，1999 年の *fib* シンポジウムの基調講演で Small mind and small rules stifle creativity（見識の狭さやがんじがらめの規準は創造的な発想を封じ込める（筆者訳））と述べた。設計の本質をついた名言である。解析技術や材料がいくら進歩しても，設計の本質，つまり創造性なくしては設計者の意図した構造物は造れない，ということを私たちは知る必要がある。設計規準はもちろん遵守することが大前提であるが，規準の範囲内であってもその構造物の性能を十分知ること，また，規準にないものを設計するときはなおのこと，破壊までの挙動を十分理解して性能を創造していく必要があるのである。

6-6　橋のデザインの要諦

筆者にとっての設計の要諦は「私淑」であると考える[9)]。憧れの海外の橋梁デザイナーへの私淑による刺激，つまり，彼らがつくるような新しい技術をいつかは自分でもやってみたいという欲求が，筆者にとって大きなモチベーションとなってきた。筆者は多くの海外の設計者から影響を受けた。最も大きく影響を受けたのがフランスのジャン・ミュラー（1925－2005）である。詳細は 6－8 で述べるが，ブロトンヌ橋や CD 運河橋などの斜張橋における斜材張力をトラス構造で主桁に伝達する主桁断面軽量化の解決策は，設計・施工の両面から考えて脱帽である。彼の作品は，筆者に主桁断面へのこだわりと構造美とは何たるかを教えてくれた。筆者が設計，施工に従事した小田原ブルーウェイブリッジ建設時に彼が現場を訪れた際（**写真 -6.5**），当時彼は南仏のミヨ橋のコンペ中で，熱く自分の支間長 600 m のアーチの理論を説明してくれた。80 歳過ぎても図面を描いていたという。彼のような橋梁デザイナーと時代を共有できたことは，この上ない幸運であったと思う。

筆者と比較的近い世代の設計者からも影響を受けた。チェコのストラスキーは，

写真-6.5　ジャン・ミュラーと小田原ブルーウェイブリッジの現場にて

細部へのこだわりと全体のバランスがいい美しい橋をつくる。彼の造形美は素晴らしいのであるが，けっしてそれを前面に出さずに構造美で勝負しているところが大いに共感できる。彼は主桁断面のコア部分を先に施工するコア先行技術をよく使うが，施工のことも熟知した設計者である。筆者にとって忘れられない彼とのエピソードがある。彼が古川高架橋（**写真-6.6**）の施工中に訪れた時，ストラスキーはそのU形コアセグメントに驚いていた。なぜかというと，まったく同じ断面を，将来床版だけ取り換えられる事例として考えていたというのである。目的は違うにせよ，ストラスキーと同じ考え方をしたという事実は光栄であり，筆者にとって自信につながった経験であった。

これらの設計者たちは，機能美，構造美，造形美という美の三要素を常に意識して実現してきたといえよう。そして，どの設計者も構造美に重きを置き，どの作品も施工までよく考えられている。若い時からこれらの橋を見て，いつかはああいう橋を造ってみたい，と思い，その欲求が筆者の新技術開発の原動力になったことは確かである。欧州は，フランスの場合，フレシネーからジャン・ミュラーへ，スイスではマイヤールからメンへ，と設計者の系譜が明確である。残念ながら日本ではこのような歴史がない。したがって，筆者のように私淑するしかない。文献を読んで，実際の橋をじっくり見て，設計者の思想を構造物から読み取る。その結果，気に入った橋を自分なりの解釈で理解し，自分のポテンシャル向上につなげることができるのである。筆者にとって私淑は，間違いなく設計の要諦である。

写真 -6.6　U 形コアセグメントの古川高架橋

6-7　適切なコンセプチュアルデザインの要件

コンセプチュアルデザインの簡単な例を示す[10)]。筆者は，1989 年から 1990 年に米国のテキサス大学オースチン校に留学する機会に恵まれ，大学のスパンコンテストに参加した。**図 -6.4** に示すような載荷条件で，15 ドルを払うとバルサ材とエポキシ接着剤のキットがもらえる。バルサ材の形状は以下の通りである。

・0.64 cm × 0.64 cm × 45.7 cm が 6 本
・0.64 cm × 1.27 cm × 45.7 cm が 6 本
・0.64 cm × 2.54 cm × 45.7 cm が 4 本
・28.3g のエポキシ接着剤

また，バルサ材の強度試験結果は以下の通り与えられる。

・引張試験：240～297 kgf/cm^2
・圧縮試験：89～171 kgf/cm^2（0.64 cm × 0.64 cm）
　　　　　　57～143 kgf/cm^2（0.64 cm × 1.27 cm）
・弾性係数（圧縮）：1.79 × 104 kgf/cm^2）

載荷条件は毎年変わり，判定基準は最大荷重 / モデル重量である。このようなコンテストで重要ことは，コンセプチュアルデザインである。載荷点は支持体の外側なので，鍵は力がすべて最短距離を通る，ということである。そうなると構造はトラスしかない。梁構造などは論外である。さらには，判定基準が最大荷重 / モデル重量なので，構造の最適化は不可欠である。以下の点に留意する必要があった。

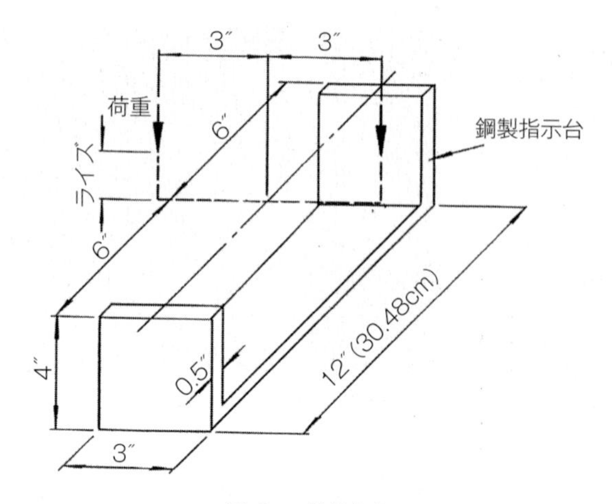

図 -6.4　載荷条件

① ライズ（載荷点位置の高さ）をいくらにとるか。

② ばらつきの大きい材料を適材適所にどう使い分けるか。

③ 支圧応力が大きくなる載荷点と支点上のディテール。

まず，モデルの構造であるが，筆者のモデルは**写真 -6.7** のトラスモデルで，ライズの最適化において，圧縮強度を 71 kgf/cm^2 と仮定して座屈を無視し，圧縮材と水平材のなす角度をパラメータにとった最適設計を行った。

結果を**図 -6.5** に示す。最大荷重 / モデルの体積の最大値は，圧縮材に 0.64 cm × 0.64 cm を使用した場合は 52 度で 26.5，また 0.64 cm × 1.27 cm を使用した場合は 48 度で 36.9 となった。したがって，圧縮部材には 0.64 cm × 1.27 cm を用い，最適解の差がほとんどないことから，加工の容易さを考えて水平材とのなす角度を 45 度とした。また，材料は受け取ったキットの中に密な（重い）ものとそうでない（軽い）ものがあったため，圧縮材には密なものを，引張り材には軽いものを使用することとした。そして，支圧応力に対しては，載荷点や支点となる部分に局部破壊を起こさないように接着剤を塗り，その強度に期待することにした。さらには，圧縮材の座屈防止のために，中間点に座屈拘束部材を取りつけた。

コンテストの当日，約 20 のエントリーされたモデルを見てみると，トラスが意外に少なかった。各自が予想最大荷重を宣言してから載荷試験が始まるが，筆者の番になり，180 kgf と宣言して載荷が開始された。懸念された支点，載荷点

写真 -6.7　トラスモデル

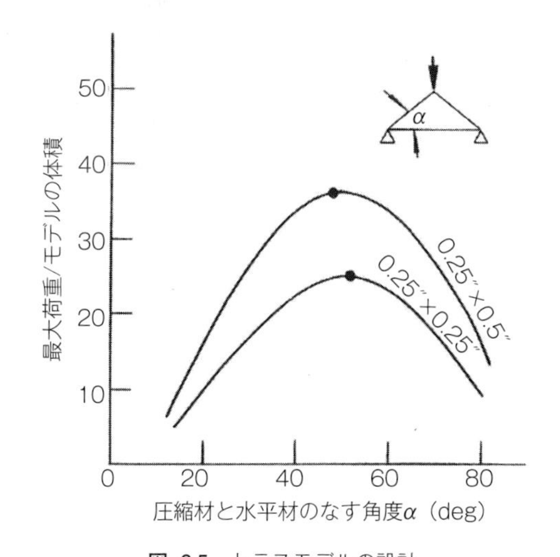

図 -6.5　トラスモデルの設計

は十分機能し，順調に荷重が増加していった。そして，最大荷重 186 kgf 圧縮材が座屈し，**表 -6.1** のとおり，見事優勝することができたのである。設計どおりであった。2 位もほとんど同じようなトラスモデルで，結果は僅差であった。彼は 5 年の実務経験のある PhD の学生で，われわれのモデルが群を抜いていた。彼は現在米国の大学の先生をしている。

実際の設計は，破壊に対して安全な構造物を目指しているが，最小重量で最大荷重に抵抗するという最適設計を実務レベルで用いるケースは稀である。しかし，当時は考えもしなかったが，橋のデザインの基本で述べたように，モデルと実物の違いを知ること，壊れ方を知ること，想像し創造すること，という3つの基本がこのコンテストには見事活かされていて，適切なコンセプチュアルデザインが行えたといま思うのである。

表-6.1　コンテストの結果

順位	名前	モデル重量 (g)	最大荷重 (1bs)	荷重 / 重量
1	Akio Kasuga	35.3	413 (186kg)	11.70
2	Bruce Russel	67.3	752	11.17
3	Les Zumbrunnen	128.1	1 082	8.45
4	John Barmen	18.6	117	6.29
5	Carin Roberts	101.9	627	6.15

6-8　適切なコンセプチュアルデザインの事例

以下にコンセプチュアルデザインの好事例をいくつかあげる。どれも厳しい制約条件が課せられており，納得のいく構造的，施工的な解決策で最適化されている。コンセプチュアルデザインのスキルを磨くには，とにかくいい事例をたくさん見て，自分なりに納得することである。ここにあげた以外にも多数あるが，筆者がどの点を評価しているのかを，理解していただければと思う。

(1)　ユージン・フレシネーの橋

フランスのフレシネーはプレストレストコンクリートの考案者である。まだ鋳鉄が橋の材料の主流であった1930年に，彼が設計・施工したプルガステル橋（**写真-6.8**）が世界に大きなインパクトを与えた。河川に架かる支間長170 mの三径間連続RCアーチの施工を，台船に載せた支保工を順次隣の径間に転用する工法により，鋳鉄の1/3のコストで建設したのである。フレシネーは施工会社の橋梁デザイナーであった。現在のように橋の設計と施工が分業で行われている時代と異なり，デザインビルドだからこそこのような発想が生まれたといえる。

写真 -6.8　プルガステル橋の架設（写真提供：極東鋼弦コンクリート）

(2)　ジャン・ミュラーの橋

ジャン・ミュラーもフランスの橋梁デザイナーであり，フレシネーの愛弟子である。もともと設計・施工を手掛ける施工会社に所属していて，その後独立して設計会社を米国で立ち上げた。ジャン・ミュラーの代表作はブロトンヌ橋である(**写真 -6.9**)。この橋は，コンクリート長大斜張橋の草分け的存在である。広幅員断面の１面吊斜材を効率よく主桁に定着する構造美を生み出したところに，独創性があり，何といっても非常に美しい造形美をもった橋である。広幅員の一面吊斜張橋は，普通は斜材位置にウェブを設け主桁は２室箱桁となる。しかし，同時に施工性が格段に悪くなる。ジャン・ミュラーはこれをストラットを介して斜材張力をウェブに伝える構造とし，一室箱桁を実現した。**図 -6.6** に示すように断面がトラス構造を形成しているのである。斜材の張力をコンクリートトラスで伝達させるというこの解決策は，構造の軽量化に大きく寄与し。多くの斜張橋でこの構造が採用されていることを考えると，橋梁のイノベーションであるといえる。

斜張橋では，一面吊であれ二面吊であれ，主桁の横方向剛性をいかに大きくするか，という課題が広幅員になればなるほど重要である。そして，明快な力の流れと，斜材張力が最短で主桁に伝達されるという原則を守りつつ，構造の軽量化を図る，という非常に高度なコンセプチュアルデザインが要求されるのである。

写真-6.9　ブロトンヌ橋

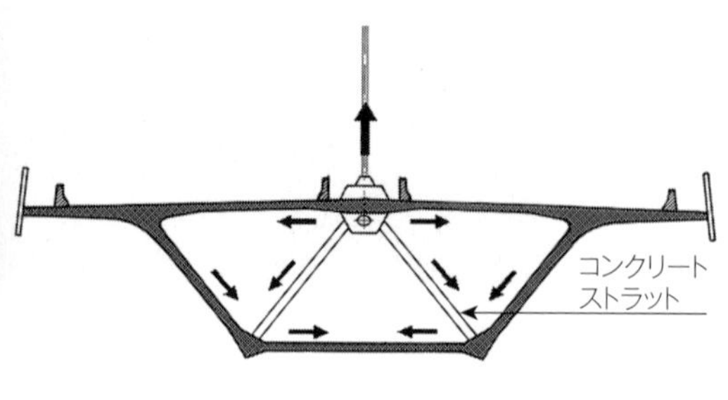

図-6.6　ブロトンヌ橋の主桁構造

(3) スペインの橋（その1）

写真-6.10 に示すエブロ川橋は高速鉄道の高架橋で，桁下の制限があるため下路橋となっている。日本にも下路橋はたくさんあるが，スペイン人のものはずいぶんと発想が違う。ウェブを円形にくり抜き，構造的にはフィーレンデールになっている。また，開断面のウェブが面外方向に変形するのを防ぐため，梁部材で連結してあり，これは架線の支持も兼ねる。さらには，下床版はリブで補剛されており，下からの眺めも美しい（**図-6.7**）。橋脚も河川に関する基準が違うとはいえ，私たち日本人ではこのような形はなかなか考えつかない。この橋の造形はそれぞれ構造的な意味があり，やはり造形美もきちんと説明できることが望ましいという典型的な事例である。

(4) スペインの橋（その2）

写真-6.11 に示すエスカルドゥナ橋は，桁高制限のある曲線桁という非常に難易度の高い制約条件が課せられた橋である。桁高制限から不足する桁の剛性は，橋面上にトラスを配置することで補うが，問題は下路桁となるトラスが曲線桁であるが故に面外方向に変形することである。

設計者は，曲線の外側に歩道が配置されていることに目を付けたと思われる。

写真 -6.10　エブロ川橋

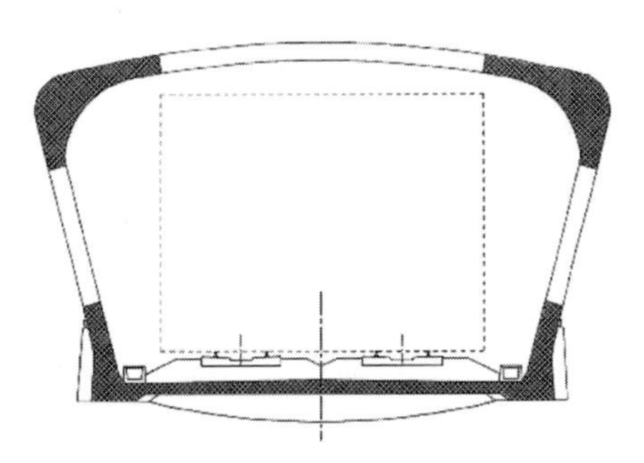

図 -6.7　エブロ川橋の主桁構造

この橋は訪れてみるとわかるが，歩道部にやたらと大きな屋根がついている。最初に見た時は気づかなかったが，図面を見せてもらって初めてこの屋根の役割に気づかされた。トラスの上弦材は大きく，その外側も構造部材になっているのである（**図 -6.8**）。つまり，この屋根は，トラスの面外変形を拘束する平面的なトラスを形成していた。何というソリューションであろうか。

以上示したスペインの2橋は，マンテロラという橋梁デザイナーの設計である。彼はマドリード工科大でも教鞭をとっていた。6−6では述べなかったが，マンテロラも筆者の私淑の対象になった橋梁デザイナーである。

写真 -6.11　エスカルドゥナ橋とその構造

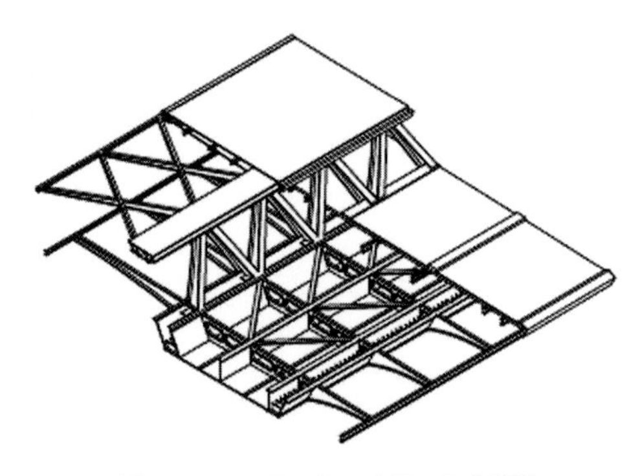

図 -6.8　エスカルドゥナ橋の主桁構造

(5) スペインの橋（その3)

スペインのログロノ橋を紹介する（**写真 -6.12**）。この橋は一見しただけで，設計者の意図するところが読める非常に明解な構造美を持っている。道路中央に配置された鋼アーチは，面外方向の剛性が弱いために，吊材とは別に両脇の歩道からステーを取っている。そして，このステーのアンカーとなっている歩道部は，平面アーチとすることで車道から距離を離してアンカーの効きをよくするとともに，ステーの水平分力により歩道部の桁に発生する面外の曲げ応力を低減する効果もある，と筆者は読んだ（**図 -6.9**）。この橋の設計者でもあるマドリード工科大学のアスティツ教授は，このように構造物を通して設計者の意図が読めることを「構造工学という言語」と呼んだ[11]。以上に述べたことは設計者に確かめたわけではないが，ログロノ橋を通してはっきりと，まさに設計者と会話ができたような気がしてくるから，不思議なものである。

写真 -6.12 ログロノ橋（写真提供：Carlos Fernandez Casado）

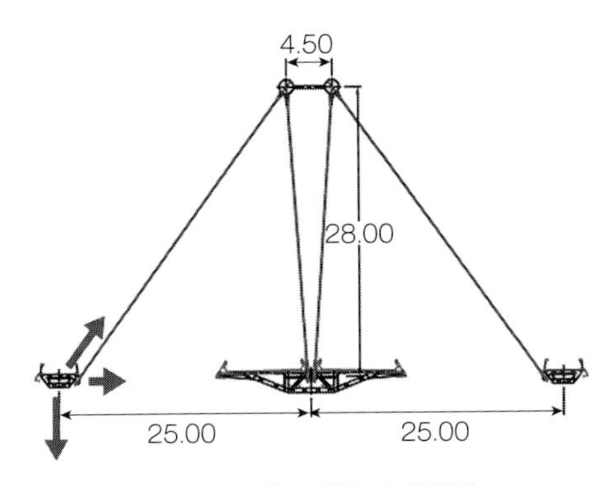

図 -6.9 ログロノ橋の主桁構造

(6) 橋の拡幅の事例

ロスサントス橋（**写真 -6.13**）は，1980年代にされた橋の車線拡幅を行った事例である。そこで問題となったのが，新旧構造物の荷重分担であった。橋の両側に新設される新しい車線は，拡幅する張出し床版をストラットで支持することで成立させる。しかし，増加する荷重を旧構造に負担させると当然ながら補強が必要になる。とくに不足するせん断強度は，ウェブの増厚，あるいはせん断鋼材を新たに配置することが考えられたが，前者は荷重分担が明確でないこと，後者は配置がほとんど不可能であったことで，新たな解決策を考えなければならなくなったのである。

ストラットは下スラブの下側に配置された鋼製水平梁に固定される。そして，箱桁の中央に新たにウェブを建設し，荷重増加分はこのウェブで負担させることとした。つまり，水平梁はこの新設ウェブ直下でのみ固定され，張出し部の荷重

写真-6.13　ロスサントス橋の拡幅工事（写真提供：FHECOR）

は水平梁を通して直接新設したウェブにだけ流れるのである（**図-6.10**，**写真-6.14**）。この事例も，図面を見ないとそのメカニズムがわからない構造である。改築工事は新設に比べてさまざまな制約条件が付くことが多い。そして，高度なコンセプチュアルデザインが要求されるのである。

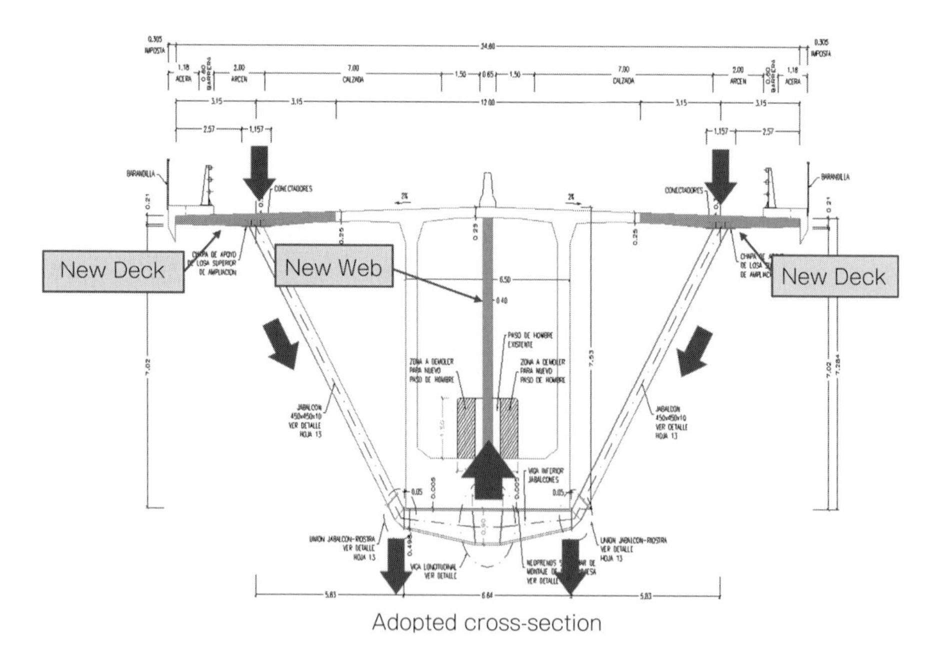

図-6.10　ロスサントス橋における拡幅部の力の流れ

写真 -6.14　ロスサントス橋の鋼製水平梁の施工（写真提供：FHECOR）

（7） 日本の橋（その 1）

写真 -6.15 は首都高速のかつしかハープ橋である。平面線形にＳ字を持つ場所に橋を建設しなければならない，という厳しい制約条件が課せられた。最初は桁橋で計画されたが，桁高が高く運搬上の制約が解決できず，斜張橋を選択せざるを得なかった。そこで，設計者は１つの解決策を見出した。それは，Ｓ字の変曲点に主塔を配置することで斜材配置が点対称になり，面外に作用する力が打ち消されてスレンダーな独立１本柱の主塔を実現することが可能になる，という最適

写真 -6.15　かつしかハープ橋（写真提供：首都高速道路株式会社）

解である。これは構造美だけでなく，周辺環境との調和という機能美，そしてもちろん造形美という美の三要素「用・強・美」を兼ね備えていて，設計者の橋に対するコンセプトが非常に明確な事例だといえる。このような独立1本柱のS字曲線斜張橋は世界でも寡聞にして知らない。

(8) 日本の橋（その2）

2005年，群馬県嬬恋村が歩道橋である青春橋のデザインビルドを公告した。中学校と運動グラウンドの間に深い沢があり，そこをショートカットする60m支間の橋梁を建設するというものであった。縦断勾配は5%以下，施工中は沢の中に一切の構造物を構築してはならない，グランドアンカーを永久に残すことは不可，という厳しい制約条件がついていた。たどり着いた解は2004年に山岳橋

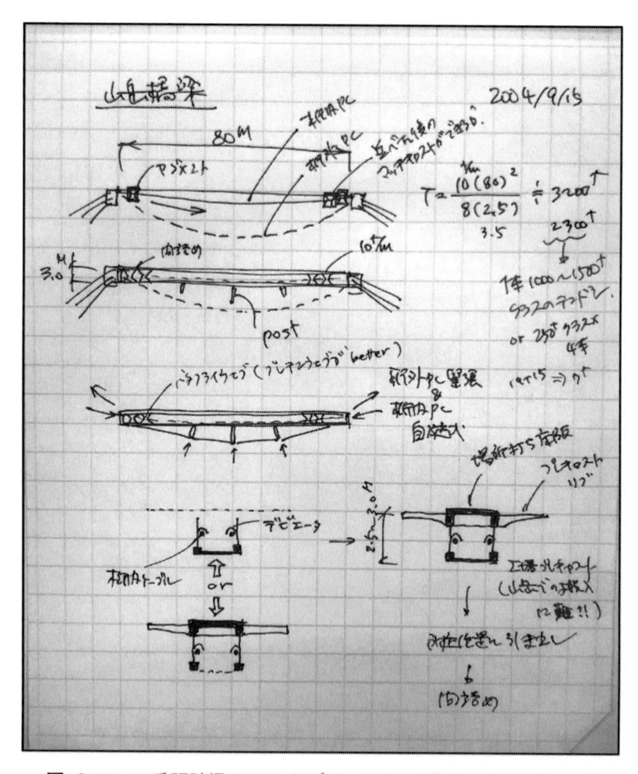

図-6.11　二重張弦梁のコンセプチュアルデザイン時のスケッチ

梁に適した架設方法として考えていた吊構造（二重張弦梁）である（**図 -6.11**）。トップヘビーの構造を下からつくるのではなく，上から吊りながらつくるという前例のないものであった（**図 -6.12**，**写真 -6.1**）。

桁の横に配置された1次ケーブルにスライド架設をした桁の全重量を一度あずけ（**写真 -6.16**），下側に配置された別の2次ケーブルで桁全体を所定の高さまで持ち上げる。最終的な構造は，これらのケーブルを桁に定着して単純桁となることで，架設時に使用したグランドアンカーは張力を解放することが可能となった。また，村の発注であるためにできる限りのコストダウンが必要であり，桁の断面をU形にすることで，高欄の費用をセーブすることができた。

筆者のコンセプチュアルデザイン時の必須アイテムが**図 -6.11** のような5mm方眼のメモ帳である。もちろん簡単な計算は手計算である。コンセプチュアルデ

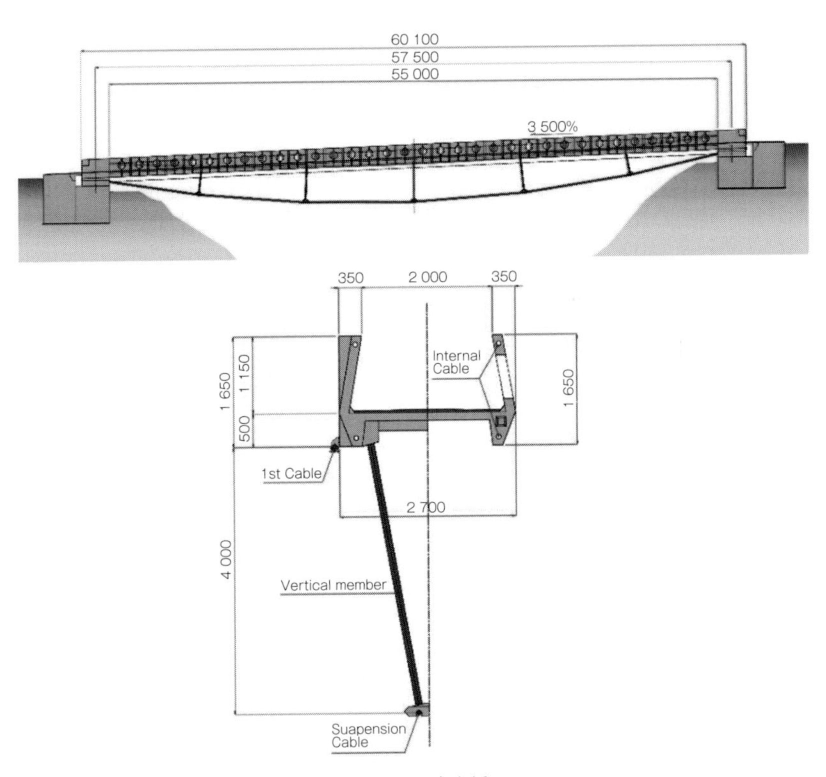

図 -6.12　青春橋

写真-6.16　1次ケーブルを利用した桁のスライド架設

ザインは紙と鉛筆があれば，いつでも，どこでも取り組める。そしてこれは，AIにはけっしてやれない，人間臭い創造的な行為なのである。

6-9　ヨーロッパと日本の橋のデザインの違い

筆者が所属している国際構造コンクリート連合（*fib*）の主役は欧州のコンサルタントと大学の先生である。そして，ほとんどの先生は自分で設計コンサルタントも経営している。そして，優秀な学生は自分の会社に囲い込み，少人数ながら非常に高いポテンシャルを維持する，というシステムが出来上がっている。つまりアカデミアと実務の距離が非常に近い。筆者の友人の一人であるスペイン人も，大学の先生でありながら世界に支店を持つ構造設計事務所を経営している。彼の仕事の80％は，筆者のような建設会社の設計である。熾烈なコンペを一緒に戦い，実施工と近い位置にいるので，実に細かい施工のことまで把握しているのである。

コンセプチュアルデザインは設計プロセスの最初の段階で実施される。そして，材料，構造，施工，保全という構造物のライフタイムに渡って配慮しなければならない，と述べてきた。フレシネーの時代と違って施工会社のデザインビルドがほとんど実施されなくなり，設計と施工が分業になっている欧州では，それらを担う人たちがJVを組成して一体になってコンペ，あるいは受注後のVE提案に臨んでいる。この点が日本と大きく違うところである。

日本では設計段階から施工者が参加するECI（Early Contractor Involvement）という試みが，大型で複雑なプロジェクトで採用される場合がある。しかし，まだ設計と施工は分業化され，新技術や新工法はなかなか採用されにくく，普遍的な施工法や構造で設計される場合が多い。これでは日本の橋梁技術はODA以外の海外のコンペで勝つことは非常に難しいし，実際そのような事例はほとんど聞いたことがない。今のままでは海外と日本の差がますます広がっていることになり，ひいては世界での競争力を失うことになる。

6-10　日本における建築家と橋梁デザイナーの違い

日本の建築家のステータスは，世界でもなぜあれほど高いのであろう。そして，なぜ橋梁デザイナーはそうならないのであろうか。答えは簡単である。建築のデザインは「用・強・美」でも美のプライオリティーが大きく，それにはオリジナリティが不可欠である。そしてそれを武器に熾烈なコンペで勝負している。つまり，常に創造性を絞り出して，オブジェクトのエネルギーを誰でも感じることができるからである。キーワードは,「競争」と「オリジナリティ」といえよう。

建築家は一般的に，アーキテクトと構造設計者が一緒になって仕事をする。一時期橋の世界でも，これを真似たシステムに移行しようとした時があったが，構造がむき出しの橋にはこれはそぐわない。フランスには橋を専門とする造形担当のアーキテクトがいるが，普通は橋梁デザイナーが一人で「用・強・美」すべてを担当する。その点からすると，日本の橋梁デザイナーは，美しい橋をつくることにあまりエネルギーを注いでいないように思われる。機能美，構造美，造形美をもっと語ってほしいものである。そして，実力を付けて世界のコンペを勝ち抜いていくべきである。そうすれば建築家のように，国内でも世間が認め，ステータスを得ることができるのではないだろうか。オリジナリティのない，緩い日本国内で安住していては永遠に橋梁デザイナーは「無名碑」に埋もれることになる。

6-11　日本の橋梁デザイナーの処方箋

世界で通用する橋梁デザイナーになるために，オリジナリティそのものといえる「デザイン力」を磨くことが不可欠である。デザインが制約条件・要求性能の設定から，コンセプチュアルデザイン，構造概略検討・詳細検討，性能照査までの一連の行為を指すことは繰返し述べてきた。そして，とくに今の日本に一番欠落しているのが，コンセプチュアルデザインである。考える過程を飛ばして，すぐにコンピュータに向かう。この傾向は海外でも同じらしい。では，橋のデザイン力を鍛えるにはどうしたらいいか。それはコンペである。コンペは設計・施工一体で行うべきで，とくに，橋のプロによる高い審査レベルがコンペに緊張感と迫力を生む。そこには鋼橋やコンクリート橋の区分けはなく，最適なものが勝つ，という公平な判断があるだけである。日本の橋は新設が減るのだから，デザインビルドでコンペをやって，一つ一つ丁寧につくっていけばいい。そのためにはコンサルタントと施工会社がJVを組めるような仕組みもいる。そして，橋のデザインを「強み」にするには教育が重要であるが，欧州に比べて脆弱であるため，学・産の協業が不可欠である。6－9で述べたように，日本の学は実務との距離があるので，もっと実務者を活用すべきである。そして，デザインも「景観」という狭いくくりではなく，材料から保全までのデザインを統合的に教えることができるようにカリキュラムを組む必要がある。

建築ではクライアントが許せばコストが制約にならない場合もあるが，公共物である橋はそうはいかない。そして，セオリーを逸脱することはない。しかし，オリジナリティは常に設計の本質である創造性をもって取り入れなければならない。それにはある程度の経験も必要になるし，いい事例をたくさん見ることも大事である。そしてこれからは，ライフサイクルコスト（LCC）最小が求められるので，幅広い知識が求められる。さらには，世界が脱炭素化に向かっていることを考えれば，橋のCO_2排出量にも関心が及んでくる。幸いこの領域は未知の世界であるので，日本の橋梁デザイナーにもこの分野で世界をけん引するチャンスが残っている。活動が国内にとどまることなく，広い視野を持って実力をつけていくという，ある意味当たり前の処方箋であるが，これが王道である。

6-12　売れるデザインを目指して

コンセプチュアルデザインに相当する適切な日本語はない。このことは，われわれがそのような概念をあまり持ってこなかった証なのかもしれない。現代は，ドイツのシェル構造のように極端な材料最小を要求された時代とは異なる。しかし，厳しい制約条件が設計者の創造性を掻き立て，創造的で画期的なオブジェクトをつくり出すことは，今も昔もデザイナーが持つ特権であるといえる。したがって，恵まれた今の時代こそ，思考停止に陥らないで創造性をフルに発揮することが求められる。設計の大部分がAIで置き換えられたとき，このコンセプチュアルデザインだけが人に残された仕事となるかもしれない，ということを今肝に銘じる必要がある。

孫崎亨氏は，日本人はオペレーションの効率化には長けているが，高度成長期が終わって「何をつくるか」という戦略が問われる時代になって，その戦略のなさが露呈したと書いている[12)]。そしてこの戦略が最も必要とされる分野に，金融，デザイン，ITを挙げていて，筆者は橋のデザインも含まれていると考えている。競争力があり，かつ何をつくるかという戦略的なデザインは，技術の伝承を待っていたのではいつまでたっても生まれてこない。先輩から学ぶべきは技術そのものではなく，デザインの思想や哲学である[13)]。過去の技術は材料が進化すると使えなくなる。また，同じ材料でも人が変わると結果が異なる。このように有機的な技術に裏付けされたデザイン力は，デザインの本質である創造力なしでは身につけることができない。

フランスでは土木構造物のことをOuvrages d'Artと呼ぶ。文字通り芸術作品である。これは，彼らが石の文化であるために，自分の造った構造物が子や孫の時代まで残ることを意識している現れだとフランス人はいうが[14)]，日本人からは，われわれは木の文化だからとてもそこまで考えていない，という反論が返ってくるかもしれない。しかし，本当にそうであろうか。何百年経っても錆びていない釘を見てもわかるように，昔の宮大工はその耐用年数をしっかり意識している。われわれの橋を「芸術作品」と呼ぶ必要はないと思うが，後の世代が見たときにその思想や哲学に感銘を与えられるような橋を残したいものである。

今なすべきは，レベルの高いデザインコンペで，コンセプチュアルデザイン力培い，橋の美しさを追求する感性を磨くことである。今までの日本の常識は捨て去り，「売れるデザイン」を念頭に置いた，世界と戦える競争力のある橋梁デザイナーを目指すべきなのである。

◎参考文献

1）丸山，黒岩，坂尾，平，桑野：青春橋の設計と施工，橋梁と基礎，2006.9
2）藤本隆宏：現場から見上げる企業戦略論，角川新書，2017
3）春日昭夫：橋にとっての Structural Elegance とは何か，コンクリート工学，2007.1
4）Fritz Leonhart：Brüuken，Deutsche Verlags-Anstalt，1982
5）春日昭夫：設計の基本と本質，橋梁と基礎，2013 年 2 月
6）西川和廣，施工と維持管理を設計せよ，橋梁と基礎，pp.15-18，2006. 8
7）春日昭夫：設計入門 ③応用編 - 付加価値を持たせる設計とは -，コンクリート工学，2010 年 10 月
8）J. F. Klein：Engineering and Modern Society-A tight mediation，*fib* Symposium，2004
9）春日昭夫：設計の要諦 - 私淑とコンカレントエンジニアリング -，コンクリート工学，2014.9
10）春日昭夫：トラスは強し，橋梁と基礎，1993.8
11）Miguel Astiz：橋梁における構造美，橋梁と基礎，pp.137-140，2006.8
12）孫崎亨：日本人のための戦略的思考入門，祥伝社新書，2010
13）春日昭夫：「技術の伝承」という幻，橋梁と基礎，2008.8
14）Peguret Laurent：日仏の文化と建設業界の違い，橋梁と基礎，2000.8

終　章

安江　哲

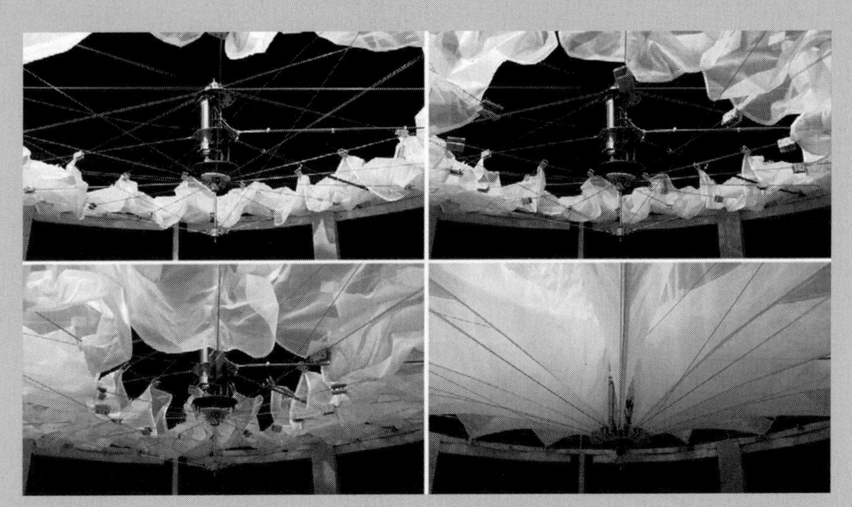

可動式膜構造の研究（増渕 基 博士論文より）

増渕 基と「橋の美」

本書は増渕 基君と親交のあった８名の橋梁技術者・研究者によって書かれた。序章の続きとして，彼のことと本書の誕生過程をもう少し詳しく述べておきたい。

彼は1979年鎌倉に生まれた。北海道大学土木工学科を卒業後，構造工学を学ぶためにスウェーデンのチャルマース工科大学に進学し，国際理学修士課程を修了した。その後ドイツに移り，ベルリン工科大学のMike Schlaich教授のもとで可動式膜構造の研究を行い，ベルリン工科大学より博士号を取得した。Schlaich Bergermann und Partner事務所，Wernar Sobek Stuttgart事務所という名だたる設計事務所で経験を積んだ後に，南ドイツのケンプテンにあるDr. Schutz Ingenieure事務所に落ち着き，橋梁設計技術者として活躍を始めた。

彼の興味は北大時代から一貫して「構造物が創る美」にあった。それはお父様の増渕文男氏（ものつくり大学名誉教授）の影響が大きかったのだと思う。そして，ベルリン工科大学時代からは「スパン35メートルからのデザイン・ブログ[1)]」という日本語サイトを立ち上げ，自分が学んだこと，発見したことを発信し始めた。また，日本の『橋梁と基礎』誌上でも，さまざまな論考を８編発表している[2)]。主たる話題は『軽量』『構造』『デザイン』で，とくに設計者の哲学，発想力，構

写真-1　Thierschbrücke（Photo courtesy：Dr. Schutz Ingenieure）

想力を論じる記事が目立つ。大勢の研究者，実務者と議論しながら高めあうのが彼の流儀で，知識も友人も飛躍的に増やしていったようである。

多くのプロジェクトに参加したが，ボーデン湖畔のシィアーシュ通りに架かる跨線橋 Thierschbrücke（写真）が彼の最後の作品となった。これは鋼床版をフィンバックで補剛した橋で，国際的に著名な設計事務所が参加したコンペで契約を勝ち取り，計画，設計，施工計画，監理のすべてに関与した仕事であった。

直前まで活発に情報発信していたので，彼の訃報に接したときは，誰もがそれを信じられなかった。ちょうど日本に移住することが決まり，家族で住む家を探し始めていた時だった。事実を受け入れるまでには相当な時間が必要だったが，私たちは彼が追求し続けた「構造物が創る美とその設計思想」を日本の若い技術者や学生に届けたいと考えるようになった。

私は増渕文男先生が大学の先輩だった縁で基君のことはよく知っていた。北大在学中にドーコン構造部でバイトすることになり，私と畑山と八馬が彼を迎えた。私はレオンハルトの名著『Brücken』を彼にプレゼントし，橋梁設計の面白さとコンサルタントエンジニアの技術思想を伝えた。畑山は北大の非常勤講師として構造デザインを教えていた縁もあり，八馬は千葉大，千葉工大に異動してからの研究仲間でもあり，共に彼と深い付き合いが続いた。佐藤は北大時代の恩師であり，彼の海外留学を後押しするとともに，叱咤激励を続けた。藤野は東大の橋梁研究室によく顔を出す彼と知り合い，ベルリン工科大学の Mike Schlaich 教授に推薦した。久保田は彼に日本の橋梁事情と橋の見方，設計思想の読み解き方を実地で伝え，Mike Schlaich 教授らが著した歩道橋の構造・設計・歴史に関する本を共同で翻訳出版するなどした。松井は増渕文男先生を通じて彼と知り合い，互いの SNS を通して交流しドイツ人学生 20 数名とともに会社訪問を受けるなどして親交を深めていた。春日は Schlaich 教授のもとにいる彼と会うたびに橋談義（話題はコンセプチュアルデザイン）を行っていた。春日の薫陶を受けた増渕は，やがて春日のもとで仕事したいと熱望し，三井住友建設への入社が決定した。

増渕とこのような縁のある 8 人が，自分の言葉で橋づくりを語ったのが本書である。互いに旧知の仲だが，専門も職場も異なるため，同じことを伝えるにも定義や表現方法が違う。しかし，それぞれの文章の奥深くには，増渕 基を想い，若者を慈しみ，橋を愛する気持ちが通奏低音のように流れているのである。

世界から学ぼう

若い人に伝えたいことがある。世界第一級の建造物を訪れ，その成り立ちを現地で学び取ることだ。例えば，パリのエッフェル塔の設計者として名高いギュスターヴ・エッフェルが設計したガラビ高架橋（1884年に完成した現役の鉄道橋で，実際はエッフェルが若いレオン・ポワイエを指導して設計させ，自身が施工にあたった橋である），プレストレスト・コンクリート構造の開祖であるウジェーヌ・フレシネーが設計したブチロン橋（1912年），最近ではミシェル・ヴィルロージュが設計したミヨー橋（2004年）などが思い浮かぶ。ミヨー橋は南フランスのタルン川渓谷に架橋された7本の塔を有する複合斜張橋で，美しい天空の橋の姿に誰もが衝撃を受けるだろう。そして現地では，なぜここに橋が必要なのか，なぜこの構造を選択したのか，どうやって架けたのかなどと自問し，設計者が考えたであろうことを推測することが重要である。

もうひとつ，世界から学ぶことがある。それは，先人の遺した珠玉の言葉を大事にすることだ。例として，橋梁と景観に関して私自身が大切にしている先人訓を紹介しよう。

米国のサウスイースタン・マサチューセッツ大学のFrederick M. Law教授は，

写真-2 ブチロン（Boutiron）橋。フレシネーはこの橋でコンクリートのクリープ現象を発見した

同大学の土木とビジュアルデザインを融合したコースを紹介するなかで，次のように述べている。

The civil engineer has a definite social responsibility to consider aesthetics as a part of the design of every facility he creates.

If bad pictures are painted no one has to look at them, if bad poetry is written no one has to read it, if bad music is composed no one has to listen to it, but if bad civil engineering design is constructed it cannot be overlooked. (Aesthetics−A Part of Civil Engineering Design, Engineering Issues:Journal of Professional Activities, 1972, Vol.98, Issue 2, Pg.275−285)

また，英国道路庁の Superintending Engineer を務めた J. Murray は，橋梁の外観を言葉で表現する重要性を論じた文献で次のように述べている。

Works produced by the great majority, the poor artists, are destroyed or cast aside and we are therefore spared the pain of having to live with them. Not so with bad structures designed by engineers. We have to live with them, often for several hundred years. It is therefore essential for civil engineers concerned with bridge design to have a great deal of training in visual appreciation of structures. (Discussion of Visual aspects of motorway bridges. Proc. Inst. Civ. Engrs., London, England, 1982)

心に染み入ることばは各人で違うし，タイミングも影響する。でも，自分に何かを気づかせてくれた言葉は記録しておくべきである。私は最近イタリアを拠点に活動している北海道出身の彫刻家安田侃のことばにハッとさせられた。彼は「札幌創成川に白大理石の彫刻作品がある。これは札幌の子供たちが見て触って育ち，欧州のような素晴らしい街並を創造する大人になって欲しいという願いを込めて彫った」という。自身のイタリア在住 40 年の経験から，欧州は幼児教育から「美」に関して鍛えあげられて育っていると考えているのだ。私は，橋もまた同じだと思った。

「文化技術論」に学ぼう

先輩技術者の技術思想から学ぶことは実に多い。ここでは青山 士(あきら)の「文化技術論」を紹介しよう。彼は東京帝国大学で「港湾工学の父」といわれる廣井 勇教授の薫陶を受け，彼の紹介状を携えて単身渡米し，鉄道とパナマ運河の建設事業に従事した人物である。帰国後は内務技師として活躍し，後年第23代土木学会会長を務めた。

信濃川大河津分水路を修復する大工事の陣頭指揮を終えた際，青山 士は可動堰の完成記念として建立された「信濃川補修工事竣工記念碑」に「萬象ニ天意ヲ覚ル者ハ幸ナリ」「人類ノ為メ国ノ為メ」と刻んだ。この「人類の為，国の為」こそ，明治時代の国是であった「富国強兵」よりもスケールの大きい「人類愛」と「国富」を掲げたものであった。

そして土木学会長在任中の昭和11（1936）年，通常総会において行った講演の中で，彼はCivil Engineeringを「文化技術」と訳し，「その盛衰は，社会の盛衰，国家の興廃を予断しうる材料である」と定義した。また，「土木技術は，他の技術分野とともに社会国家の文化経済の発展充実の基礎をつくるものであり，人間が生存し自然力が荒れ狂う世界には文化技術は一日も欠かせない」と述べている。そして「社会はその進歩発展に対する土木技術の重要性を正当に，しかも明確に認識しないと，其の社会国家は，古来不変の因果律に従いバビロンの都ニネベやローマのように成り果て塚や廃墟となってしまう」と戒めている。

土木工学をこのようなスケールで説明した人はいなかった。当時の軍拡を指向する世相に一石を投じたものかもしれないが，私はインフラがまだ十分ではなく，自然災害が頻発している現代社会にも通じるものがあると感じている。土木技術者は，努力を尽くし，社会の認識を指導・是正して，社会基盤整備を通じて国民の教養と知恵，すなわち文化度を高める必要があると思う[3)]。

実践しよう

一流の橋梁エンジニアは絶えず優れた構造物をデザインするために日々切磋琢磨している。その際に私が強調したいことは「実践に優るものはない。貴重な体験が自分自身をつくり上げる」ということだ。アイデアを生み出すことも大変な作業だが，実践するにはまた特別な努力が必要である。橋梁の場合は多額の費用と長い期間が必要となるため，そのアイデアの優秀さと技術的裏付けを示して大勢の関係者に納得してもらう必要があるのだ。

私はヘルメット姿の技術者に憧れ，エンジニアを志した。設計コンサルタントに勤務していたが，思い出深いのは，ある時期に明石海峡大橋のケーブル設計に従事したことだ。世界初のヘリコプターによるパイロットロープの渡海の現場にも立ち会った。多くのことを学び，数々の創意工夫を重ね，実践段階での紆余曲折を経て，その最終成果を目の当たりにする。この橋に限らず，学ぶ･発想する･実践するという一連の貴重な体験が技術者としての自分を鍛えてくれたと実感している。

増渕 基君は遺作となった報文に次のように書いている[4)]。「よく言われていることだが，デザインとは造形のことだけを示す言葉ではない。計画段階から竣工までのあらゆる難題に対して包括的に取り組み，それらの解をひとつの形として

写真-3 スイスのトレッキングルートの小さな歩道橋を調査する増渕。設計はスイスのユルク・コンツェット

導き出すことがデザインであろう。したがって，作り方を考えることも当然橋梁デザインの一部である（中略）。逆に言えば，作り方を知らなければ良い橋はできないといえるだろう」。これは南ドイツのケンプテンで橋梁の設計施工にかかわり，彼が体験の中から到達したコンセプチュアルデザインの境地であった。

100年から200年使い続けられる構造物が求められる現在，これまで以上に人間の営みと自然との新しい関係の構築が必要だ。だからこそ，未来を担う若い人には，活動の範囲を日本国内に留めることなく，世界を相手にしてほしい。まずは世界各地に足を運び，先輩橋梁エンジニアがそれぞれの地域と橋に込めた思いを汲み取って感性を磨いてほしいと願っている。

◎参考文献

1）http://span35 m.blogspot.com/

2）増渕が橋梁技術専門誌の『橋梁と基礎』（建設図書）に掲載した著作は28歳から40歳までの8編があり，これを順番に読むと，研究者から設計技術者に成長していく過程や，橋梁の設計思想を求めてもがき続ける彼の姿を窺い知ることができる。

① 増渕基ほか：ヨーロッパの新しい風～スペインのアベクチョ橋とビカルボ橋，橋梁と基礎，2007.11

② 増渕基ほか：日本で見た構造芸術，橋梁と基礎，2010.4

③ 増渕基：受け継がれゆくエンジニアの創造性～なぜヨーロッパでは魅力的な歩道橋が生まれ続けているのか～，橋梁と基礎，2011.5

④ 増渕基：シュライヒと日本の橋梁エンジニアに流れる通奏低音とは～鉄道橋とデザインの講演を聴講して～，橋梁と基礎，2013.9

⑤ 増渕基：橋の建設による世界遺産登録抹消～エルベ渓谷に見るドイツの橋梁デザインに対する取組み～，橋梁と基礎，2013.12

⑥ 増渕基：創造性のあるエンジニアは育てられるか～シュトゥットガルトスクールに見る構造デザインの主旋律～，橋梁と基礎，2015.8

⑦ 増渕基，八馬智：橋で人を呼びこむ～欧州アルプスの橋梁デザイン～，橋梁と基礎，2017.10

⑧ 増渕基：作り方から橋をデザインする～欧州アルプスの橋梁デザイン～，橋梁と基礎，2019.5

3）土木学会コンサルタント委員会：コンサルタント委員会の進化（案），2006.5。筆者も委員として参加した小委員会（大野博久小委員長）での議論の一部を紹介。

4）前掲2）⑦

推奨図書

橋梁，構造，デザインを学ぶあなたにお薦めしたい図書をリストアップした。最近出版されたもの以外はほとんど絶版になっているが，橋好きならば一度は目を通していただきたい名著ばかりである。絶版になった本も古書店では流通しているので，根気よく探していただきたい。洋書を含み，初出の順に並べておく。

01 加藤 誠平 著：『**橋梁美学**』，山海堂，1936

わが国において橋梁美学を論じた最初の本。著者は内務省で国立公園の実務に携わった技術者で，美学そのものの解説にはじまり，橋梁の審美的，風致的な特徴と計画手法を論じている。消去法・融和法・強調法という橋梁の取扱い方法は本書から生まれた。橋梁美学に関する同時代の洋書から引用した写真が多いが，それによっても本書の先進性が確保されている。

02 鷹部屋 福平 著：『**橋の美学**』，アルス，1942

前述の書籍同様，美学および橋梁構造の美的要素を解説しているが，構造工学の専門家らしく「力学上の合理的構成の美を必要とする」ことを強調し，構造そのものの美の源泉について豊富な図と写真で解説している。『橋梁美学』同様，土木学会の戦前土木名著百書に選ばれている。

03 エドワルト・トロハ 著，木村 俊彦 訳：『**現代の構造設計**』，彰国社，1960

構造家として名高いトロハの世界的名著『Philosophy of Structures』の邦訳。スペイン語の原稿を英訳してアメリカで出版（1952年），それを重訳したもの。古典的材料からプレストレストコンクリートまでのあらゆる材料，構造の特徴と用法を解説。

04 関 淳 著：『**ヨーロッパの橋を訪ねて**』，思考社，1982

首都高に所属する著者が，西ドイツでの留学を契機に訪れたヨーロッパ各地の橋とその技術者について，12編の紹介記事を各誌に発表した（1970～1973年）。本書は後年それを1冊に再編集したものである。著者が受けた衝撃や感動，発見を率直に語りつつ考察を加えており，今から50年前の橋巡りを追体験しながら，当時の橋梁計画思想を学ぶことができる。

05 F. レオンハルト 著，横道 英雄 監訳
(レオンハルトのコンクリート講座 6)『コンクリート橋』，鹿島出版会，1983

第5章の「橋梁計画」という4ページの中に橋梁の計画，設計，施工にかかわるすべての人にとっての珠玉の言葉が埋め込まれている。コンクリート構造の基礎とともに，いつの時代も大事なことの本質は変わらないことを確かめていただきたい。

06 松村 博 著：『**橋梁景観の演出～うるおいのある橋づくり～**』，鹿島出版会，1988

大阪市建設局の土木部橋梁課で活躍された氏が，豊富な知識と経験に基づき「橋のあるべき姿」を論じた本。全国的に橋のデザインが求められ，土木とは異なる分野のデザイナーに協力を仰いで橋を美装化する風潮に警鐘を鳴らした。

07 川口 衛 他著
『建築の絵本：建築構造のしくみ～力の流れとかたち～』，彰国社，1990

実存する建築を題材に絵と簡潔な文章で構造の成り立ちを解説した絵本である。重要な橋梁構造物も網羅されており，橋梁技術者にとっても構造の本質を直感的に学ぶにちょうど良い。

08 篠原 修・鋼橋技術研究会 編：**『橋の景観デザインを考える』**，技報堂出版，1994

橋の景観デザインを巡る諸問題30題（初学者が必ず直面する疑問，熟練者に課されている時流の悩みなど）に対してQ&A方式で解説したもの。第1章に序論的な解説が，最終章に研究者と実務者による座談が編まれている。

09 伊藤 學 著：**『橋の造形』**，建築巡礼30，丸善，1995

建築を見る楽しさ，知る喜びを案内するために編まれた『建築巡礼』シリーズのひとつとして，建築分野や一般の方々に向けて，自然景観と深い関りを持つ橋の造形について豊富な写真を用いて解説したもの。

10 フリッツ・レオンハルト 著，田村 幸久 監訳，三ツ木 幸子＋景観デザイン研究会＋寺尾 圭史＋二宮 弘行＋山田 聡 訳
『ブリュッケン～F・レオンハルトの橋梁美学～』，メイセイ出版，1998

ドイツ橋梁界の巨人による橋梁計画および構造デザインの指南書として世界各国で読み継がれている名著。世界中の橋を豊富な美しい写真で紹介しており，旅のコンテンツ探しに適している。原書は1982年出版，著者自身が独語と英語で執筆したが，その両方の記述内容を統合して和訳し，日英併記としている。

11 篠原 修 編：**『景観用語事典』**，彰国社，1998

景観や公共空間のデザインに関する主要な用語約130について解説した事典。講義の副読本としても，実務の座右の書としても受け入れられ，2021年2月には増補改訂第二版が出版されている。

12 fib Bulletin 9 編：**『Guidance for good bridge design』**，2000

デザインのみならず，プロジェクトの計画やコストなど，プロジェクト遂行の全般的な部分にいたるまで，よいデザインの橋をつくるためのガイドライン，実務的な参考書である。

13 杉山 和雄 著：**『橋の造形学』**，朝倉書店，2001

長年橋のデザインに携わってきた筆者が，橋のデザインを行う際に必要となるデザインの言語や文法，修辞法としての造形の基礎について解説したものである。エンジニアにとって，造形に対する大きな手がかりが得られる。雑誌『橋梁と基礎』に連載された同名のシリーズに加筆・修正を加えた書籍。

14 D.B. ビリントン 著，伊藤 學＋杉山 和雄 監訳，海洋架橋調査会 訳
『塔と橋～構造芸術の誕生～』，鹿島出版会，2001

民主主義の伝統として位置付けた「構造芸術」を提唱し，近代技術により生み出された土木構造物の理想的なありようについて論じている書籍。豊富な事例に基づいて，構造芸術家たちが実践したデザインの変遷が描かれている。

15 エドゥアルト・トロハ 著，川口 衞 監修・解説，IASS 2001 組織委員会 訳
『エドゥアルト・トロハの構造デザイン』，相模書房，2002

トロハが手掛けた30作品について自ら解説し，建築哲学を率直に語った貴重な記録。1958年にアメリカで出版され，長らく絶版になっていた。本書は2000年に出版された第2版の邦訳。

16 斎藤 公男 著
『空間 構造 物語～ストラクチュラル・デザインのゆくえ～』，彰国社，2003

古典を読むこと，師との出会い，旅の感動，そういった普遍的な学びの上にこそ，素晴らしい実践が活きていくことを追体験できる書籍である。著者は大空間を得意とする建築構造家であるが，学ぶべき橋の古典のほぼすべてが登場する。橋梁学徒必読の建築構造本である。

17 篠原 修 著
『土木デザイン論～新たな風景の創出をめざして～』，東京大学出版会，2003

景観研究の第一人者が，しだいに実務のアドバイザーを務めるようになり，やがてデザインコーディネーターになって多くの優れた公共土木施設を実現させるに至った。本書はその経験に基づき，永年の景観研究成果とデザインの実践手法を体系化した初めての指南書である。橋梁事業も数多く紹介されている。平成7年土木学会出版文化賞受賞。

18 土木学会 編：**『ペデ～まちをつむぐ歩道橋デザイン』**，鹿島出版会，2006

歩みをつなぐ，まちを育む，技術を開く，の3つのテーマ別に7つの歩道橋（群）を，その成立背景や設計思想を解説する。その他，注目すべき36もの事例について詳しく紹介する書籍である。人間のための橋のあり方を模索する哲学がそこかしこに埋め込まれている。

19 内藤 廣 著：**『構造デザイン講義』**，王国者，2008

建築家内藤廣氏が，東大土木に招かれて数年後，学生という若者に伝えるべき「構造デザイン」とは何かを模索しながら，体系化を試みた講義ノートの集大成である。出版された2008年時点での歴史と現在がどのようにデザインとして繋がるか，それが生々しく語られている本である。

20 大野 美代子＋エムアンドエムデザイン事務所 著，藤塚 光政 写真
『BRIDGE～風景をつくる橋～』，鹿島出版会，2009

橋梁デザイナーとして名高い著者の作品集。初期の蓮根歩道橋から近年のはまみらいウォークまでの16橋について，大野自身が思考の糸口を語っており，橋による空間構成や形態操作の方向性を学ぶことができる。

21 伊藤 學 監修，久保田 善明 文・写真
『橋のディテール図鑑～写真で見るヨーロッパの構造デザイン～』，鹿島出版会，2010

著者が一人で探訪したヨーロッパの約 80 の橋梁について，構造デザインとディテールに着目したユニークな写真集。橋梁デザインの専門家向けではあるが，一般の人でも豊富な写真と短いコメントを手がかりに，橋を鑑賞するときのポイントを学び取ることができる。巻末には『橋のかたち』と題する入門編が付く。

22 ウルズラ・バウズ+マイク・シュライヒ 著，久保田 善明 監訳，増渕 基＋林 倫子＋八木 弘毅＋村上 理昭 訳
『Footbridges～構造・デザイン・歴史～』，鹿島出版会，2011

都市のイメージを高めることに成功した 124 橋の歩道橋を題材に，歴史，計画理念，技術思想，構造デザインなどが 10 のテーマで語られている。写真は新たに撮り下ろしたもので，大変美しい。原書は 2007 年に出版。

23 ドイツ鉄道 編，ヨルク・シュライヒ他 著，増渕 基 訳
『鉄道橋のデザインガイド～ドイツ鉄道の美の設計哲学～』，鹿島出版会，2013

文化貢献活動を社会的責任のひとつと考えるドイツ鉄道が橋梁専門委員会を組織してまとめたデザインガイド（2008 年出版）の邦訳。豊富な写真と図版を用いた解説により，ドイツのエンジニア達の設計哲学を学ぶことができる。

24 小澤 雄樹 著：**『20 世紀を築いた構造家たち』**，オーム社，2014

ロベール・マイヤール，ヨルク・シュライヒ，坪井善勝，川口衞など，建築や橋梁などに携わってきた 16 人の著名な構造家についてまとめられた書籍。人物像に焦点が当てられており，多くの図版や写真とともに，構造家の思考過程を物語的に読み進めることができる。

25 八馬 智 著：**『ヨーロッパのドボクを見に行こう』**，自由国民社，2015

欧州各地の橋を含む土木構造物を，旅行ガイドブックのスタイルで紹介している書籍。土木景観が地域文化の鏡となることを，数多くの写真と熱量の高い文章で示している本書は，インフラストラクチャーに対する多様な観点を与えてくれる。

26 内山 久雄 監修，佐々木 葉 著：**『景観とデザイン』**，オーム社，2015

景観とデザインは土木のすべての仕事にかかわる必修教養科目であり，それらを論理的に学ぶうえで最適の図書である。前半が景観研究 50 年の成果をまとめた理論（基本）編，後半が具体的なデザインのあり方を解説した実践（応用）編という構成になっている。

27 紅林 章央 著：**『橋を透して見た風景』**，都政新報社，2016

先輩エンジニアの技術思想を学ぶ上で最良の本である。東京都内の橋を中心とした 220 枚もの写真・図版を使い，最新の研究で掘り起こした「近現代の橋梁計画の考え方」と「自身のメッセージ」を丁寧に伝えている。平成 29 年土木学会出版文化賞を受賞。

28 Didier Cornille 著
『WHO BUILT THAT? BRODGES』, PRINCETON ARCHITECTURAL PRESS, 2016

1779 年のアイアンブリッジから 2013 年の最新の橋まで 10 橋 + α を取り上げた絵本。設計者と架設工法にも焦点をあてていて，眺めているだけで，橋梁デザインの本質がわかる絵本である。

29 Jiří Stráský and Radim Nečas 著
『Designing and Constructing Prestressed Bridges』, ICE Publishing, 2021

Stráský 自身が手掛けたプロジェクトを題材にしているため，リアリティーに富んだ実務的なデザインの参考書である。

30 土木学会 景観・デザイン委員会 鉄道橋小委員会 著
『鉄道高架橋デザイン』，建設図書，2022

日本独自の鉄道高架橋の形態と高架下文化は，なぜ，どのように発展してきたのか。また，使いやすく美しい鉄道高架橋を求めて，従来はどんな努力がなされ，今後の発展の糸口と美的可能性は何か。本書では，鉄道高架橋の技術的変遷，計画・設計のポイントから，まちづくりに役立つ高架下空間，鉄道高架橋の美学までをまとめており，鉄道・橋梁・まちづくりにかかわるすべての方に有用な情報を提供する。

31 藤野 陽三 編著：**『橋をデザインする』**，技報堂出版社，2023

優れた橋とはどういう橋か。また，それを創造するための設計思想はどんなものなのか。本書は，美しく使いやすい橋を創るための『コンセプチュアルデザイン』という創造的な仕事を，さまざまな立場の橋梁技術者・研究者が豊富な事例を使って解説したものである。橋梁のデザイナーを志す学生と若いエンジニアへの 8 人の執筆者の想いが込められている。

執筆者紹介

編者・序章

藤野　陽三（ふじの ようぞう）

1949年東京生まれ。ウォータールー大学（カナダ）博士課程修了。Ph.D.，東京大学地震研究所，筑波大学構造工学系を経て東京大学工学部に。その後，横浜国立大学上席特別教授を務め，現在は城西大学学長，東京大学・横浜国大名誉教授。2007年紫綬褒章受章，2019年日本学士院賞受賞。専門は橋全般だが，特に風や地震による振動に対する制御，モニタリング。編著書に『アーバンストックの持続再生』（技報堂出版，2007年）『橋の構造と建設』（ナツメ社，2012年）ほか。

第1章

畑山　義人（はたやま よしひと）

1954年北海道生まれ。東京理科大学理工学部土木工学科を卒業。清水建設に入社し，設計部にゼネコン初の景観デザイン部署を開設。その後ドーコン，JR東日本コンサルタンツに勤務し，現在札幌市に在住。東京工業大学，北海道大学，東京理科大学等で構造デザイン分野の非常勤講師を兼務。技術士（建設部門）。専門は橋梁と景観デザイン。共著書に『景観用語事典』（彰国社，1998年），『鉄道高架橋デザイン』（建設図書，2022年）ほか。

第2章

佐藤　靖彦（さとう やすひこ）

1967年北海道生まれ。北海道大学大学院工学研究科土木工学専攻博士後期課程を修了。北海道大学助手，デルフト工科大学客員研究員，北海道大学准教授を経て早稲田大学教授。博士（工学）。土木学会や道路協会の委員として各種設計基準の作成に従事。2020年と2003年に土木学会吉田賞，2013年にセメント協会論文賞，1996年にコンクリート工学協会論文賞を受賞。専門は，コンクリート工学，構造工学。

第3章

久保田　善明（くぼた よしあき）

1972年京都府生まれ。石川島播磨重工業（現IHI），オリエンタルコンサルタンツに勤務後，京都大学大学院博士後期課程を修了。京都大学准教授を経て富山大学教授。博士（工学）。技術士（総合技術監理部門，建設部門）。専門は，橋の計画と構造，景観デザイン，公共調達制度，都市計画，コンパクトシティ政策など。2020年に日本デザイン学会論文賞受賞。著書に『橋のディテール図鑑』（鹿島出版会，2010），訳書に『Footbridges』（鹿島出版会，2011）ほか。

第4章

松井　幹雄（まつい みきお）

1960年大阪府豊中市生まれ。大阪大学大学院を修了，橋梁メーカーを経て大日本コンサルタントに入社。1987年，企業内起業を標榜し景観デザイン室開設を企画・実現。当初2年間は柳宗理氏にアドバイスをいただきながらデザイン哲学を学び，以降30年にわたり土木デザインの実践に邁進。現在，大日本コンサルタント執行役員技術統括部副統括部長。橋梁を得意とする土木設計家。

第5章

八馬　智（はちま さとし）

1969年千葉県生まれ。千葉大学工学部工業意匠学科卒業。同大学院修了。ドーコンに勤務したのち，千葉大学助教を経て，現在は千葉工業大学創造工学部デザイン科学科教授。博士（工学）。専門は景観デザインや産業観光など。都市鑑賞者として，展示会やツーリズムなどを通じて土木のプロモーションも行っている。著書に『ヨーロッパのドボクを見に行こう』（自由国民社），『日常の絶景』（学芸出版社）がある。

第6章

春日　昭夫（かすが あきお）

1957年福岡県生まれ。九州大学工学部土木工学科卒業後，住友建設に入社。現在は三井住友建設執行役員副社長，CTO。博士（工学）。技術士（建設部門）。数多くの橋の設計，施工，技術開発に携わり，*fib*（国際コンクリート連合）最優秀構造賞を2006年と2018年に受賞。2014年フレシネートロフィー受賞を，2022年にフランス土木学会のアルベール・カコー賞をそれぞれ受賞。2021～2022年*fib*会長を務める。共著に『新設コンクリート革命』（日経BP）。

終章

安江　哲（やすえ さとし）

1952年北海道生まれ。関東学院大学工学部を卒業後，株式会社ドーコンに入社，シビックデザイン室を立ち上げ，明石海峡大橋ケーブル工事にも携わる。ドーコンモビリティデザイン代表取締役，北未来技研代表取締役を歴任。現在は佐藤鉄工顧問，北見工業大学，関東学院大学非常勤講師を兼務。技術士（建設部門）。共著書に『実践建設系アセットマネジメント』（森北出版，2009年）ほか。

橋をデザインする　　定価はカバーに表示してあります。

2023年3月1日　1版1刷　発行　　ISBN 978-4-7655-1887-1 C3051

編著者　藤野陽三

著者　畑山義人

佐藤靖彦

久保田善明

松井幹雄

八馬智

春日昭夫

安江哲

発行者　長滋彦

発行所　技報堂出版株式会社

〒101-0051　東京都千代田区神田神保町 1-2-5

電話　営業（03）（5217）0885

編集（03）（5217）0881

FAX（03）（5217）0886

振替口座　00140-4-10

http://gihodobooks.jp/

日本書籍出版協会会員

自然科学書協会会員

土木・建築書協会会員

Printed in Japan

装幀　ジンキッズ　　印刷・製本　三美印刷